# 同時代への直言

## 周辺事態法から有事法制まで

水島朝穂
Mizushima Asaho

高文研

# はじめに

一九九七年から二〇〇三年までの六年間はどういう時代だったか。単に時間的な意味だけでなく、歴史的変化という質的な面で、この六年間は世界と日本のありように巨大な変化をもたらした。とりわけ平和と安全保障の分野では、九六年「安保再定義」（日米安保共同宣言）を起点に、日米新ガイドライン、周辺事態法、「9・11テロ」、「対テロ戦争」（アフガン戦争）とテロ対策特措法、拉致問題と北朝鮮「核」問題、「有事」三法（武力攻撃事態法ほか）、「イラク戦争」とイラク特措法という形で、それ以前とは比較にならないほどの内容とテンポで事態が展開した。国会法改正で衆参両院に憲法調査会が設置されて以降、憲法改正論議も急速に進み、憲法九条の明文改正まであと一歩という勢いである。九七年は日本国憲法施行五〇周年だったが、ここを起点として、日本の憲法政治は巨大な転換を始めたことは確かだろう。

その一九九七年一月、私はホームページ「平和憲法のメッセージ」を立ち上げた。今でこそ多くの憲法研究者がホームページを開いているが、その当時、Ｙａｈｏｏに「憲法」というジャンルで登録していたのは私以外では一、二件だけ。憲法研究者は私一人だった。「直言」というエッセーも、最初はホームページ作成過程のお試し用文章として書いたものだった。ペルー日本大使公邸人質事件が起きた直後だったこともあり、そのことについて四五〇字の短文を書き、ネットに流してみたわけである。それが六年間で三五〇回を超える長期連続掲載になるとは、当時は夢にも思わなかった。この間、毎年平均五二～五五本を出してきた。在外研究でドイツのボンに滞在した九九年三月から二〇〇〇年三月末までの三七四日間も、「ドイツからの直言」として毎週欠かさず更新を続けた。

端的に言えば、この六年間は、日米安保体制が「グローバル安保体制」に転換していく過程と位置づけることができるだろう。その点で言えば、そもそも「安保再定義」という言葉自体が実に巧妙な表現だった。

冷戦構造が崩れ、一九六〇年の日米安保条約を「ポスト冷戦仕様」にヴァージョンアップする必要性が生まれた。その際のポイントは大きく二つある。

まず、日本の軍事的分担を強化するために、日米共同作戦が、日本の領域と在日米軍基地への武力攻撃（基本的には旧ソ連による）があった場合に可能となる現行安保条約五条では不十分となったこと（脅威の「非対称性」）。

もう一つは、米軍の世界展開に照応して、米軍基地の使用条件が「極東」の平和と安全の維持への寄与とする安保条約六条の規定の仕方ではあまりに窮屈であること、である。

そこで、正面から条約本文を改定して、冷戦後の新しい日米安保条約を締結するという方向も一応考えられるが、それには国会での承認を含め、膨大な時間とエネルギーを必要とする（この方向は、七〇年の「安保自動延長」が決断された際にほぼ断念されていた）。そこで、その解釈・運用で、日米安保条約の改変を行おうというのが「安保再定義」の路線ということになる。憲法九条の明文改正を行わないで、半世紀以上にわたり自衛隊を肥大化させてきた手法に似ている。

ところで、在日米軍基地を使った米軍の活動が、いわゆる「極東」（四〇年以上前の国会答弁では、「グアム島以西、フィリピン以北」の地域）の範囲をとっくに越えていることは誰しも認めるところだろう。日本の軍事的コミットメント（関与）もまた、それに応じて拡大・強化されてきた。その際、自衛隊は日本の国土を守るだけでなく、「国益」を守るのだという言い方がされるようになる。冷戦時代は「国土」に対する侵略の脅威が問題だったが、ポスト冷戦時代は、「国益」というヴァーチャルなものに対する、不確実な攻撃に対処する必要があるというわけである。

そこで、法律レヴェルでは、まず「周辺事態」という概念が捻出された。それは地理的概念ではなく、日本の平和と安全に密接な関係をもつ「日本周辺の公海とその上空」という伸び縮み可能な概念となった。次いで、「9・11テロ」のどさくさに紛れて制定されたテロ対策特措法によって、「公海及びその上空」に加えて、初めて「外国の領域」、つまり日本国土以外の陸上が自衛隊の活動舞台となった。これは、「わが国を防衛する」(自衛隊法三条)という自衛隊の目的を実質的に変更するものであり、巨大な転換と言える。

九二年のPKO等協力法で、国連の傘のもとで自衛隊の海外展開を可能とする法的ルートがすでに作られてはいたが、周辺事態法、テロ対策特措法で、海外における、国連の傘なしの、直接的な対米軍事協力を可能とする法的礎石が出来上がったわけである。

その上で、二〇〇三年に「有事」三法が成立した。日本国土への攻撃で発動される諸権限(国民の権利制限を含む)が、「武力攻撃予測事態」の導入によって、直接的な武力攻撃が起こる手前の段階でも可能となった。

さらに、米国による「イラク戦争」(唯一の超軍事大国によって、最新ハイテク兵器を使って行われた、国連憲章違反の侵略戦争)のどさくさに紛れ、短時間で制定されたイラク特措法。これにより、テロ対策特措法ではまだ二番手だった「外国の領域」(陸上)が、自衛隊の活動舞台として正面から認められた。一連の法律のなかでは、武器選択の幅も一番広く(PKO法では「小型武器」だったことを想起せよ)、また「自己の管理の下に入った者」(テロ対策特措法時はアフガン難民を想定。今回は米軍部隊)の解釈・運用次第では、武力行使に発展する可能性も否定されていない。

基本的に日本国土(+在日米軍基地)の「防衛」に軸足を置いて作られた日米安保条約を、条約本文の改定を伴うことなく、新ガイドライン(日米防衛協力のための指針)といった日米の軍事的取極《とりきめ》（国会承認の必要なし）の蓄積や、一連の法律の制定によって、実質的に「グローバル安保体制」へとヴァージョンアップさせる動きが進んでいる。

そして、二〇〇四年の通常国会では、自衛隊海外展開のための「恒久法」の制定さえ見込まれている。この年は、一九五四年の政府（内閣法制局）解釈（自衛隊は憲法九条が禁ずる軍隊・戦力ではなく、「自衛のための必要最小限度の実力」＝自衛力である）の五〇周年である。この政府解釈を変更して、集団的自衛権行使までも合憲とするのか、それとも憲法九条の明文改正を一気に進めるのか。

いま、「安保再定義」以来始まった「グローバル安保体制」への道程は、その完成段階に近づいている。自衛隊が「国軍」となるのか、あるいは今まで以上に「他衛」隊化するのか。この点でも、大きな転換点に立っている。

以下の六つの章では、私が憲法研究者の視点でこの六年間を「憲法診断」してきた結果を整理してお見せすることになる。もちろん、私自身の生活や行動とともに、その時の気分や空気も週単位で「記録」されている。したがって、法案の名称や内容も、執筆段階の情報に基づいて書かれている。法案が成立するまでの試行錯誤的段階の動きや、世論やマスコミの反応などもそのままにしてある。あえてそれらを訂正せずに、その時の認識をそのまま維持したのは、この六年間におけるこの国の変化を、「時代の呼吸」とともに再現したいという意図に基づくものである。その時々の「いま」を読み解くことは、「いま」を知り、よりよい「未来」を構想するためにも必要ではなかろうか。その意味で、本書は、一人の憲法研究者の体験的同時代論である。

さて、三五〇本以上ある「直言」のなかから本書に収録するために選んだもののなかには、当初は是非収録しようと選定しながら、文字通り割愛したものも少なくない。なお、コソボ紛争における「人道的介入」が鋭く問われた時期にドイツに一年滞在したが、その時に書いた五五本からも何本か選んで収録した。安全保障問題における日本とドイツの対応について、比較考察するのに役立つだろう。

※本書に使用した写真は、特に断りがない限り、すべて著者自身が撮影したものであり、本文中に写真で紹介した物品はすべて著者の所蔵品《グッズ》である。
※表紙カバーの副題「周辺事態法から有事法制まで」の有事法制にカギカッコが付いていないのは、もっぱらデザイン上の理由によるものである。

◆——もくじ



## Ⅰ　周辺事態法から「有事法制」へ

## Ⅱ　自衛隊・米軍をウォッチする



## Ⅲ　曲がり角のドイツで考えたこと

## Ⅳ 近づく憲法改正の足音

## V 9・11からアフガン戦争まで

# Ⅵ 「イラク戦争」・有事法成立・イラク特措法

装丁＝商業デザインセンター・松田礼一

# I

# 周辺事態法から「有事法制」へ

## ◆この章をお読みになる前に

自衛隊や安保条約が存在するのは、ソ連から日本を守るためと言われてきた。しかし、冷戦構造が崩れ、「ソ連軍、北海道上陸」のリアリティは失せた。

高額の防衛費や、騒音をまき散らす米軍基地を維持していく理由が問われるようになった。その「生き残り」のカギは海外展開にある。いかにして自衛隊の海外派遣の法的ルートを開拓するかが課題となった。

「国際貢献」という四文字熟語は、そのための有効な切り札となった。まずは、国連のPKO（平和維持活動）への参加を建前に、九二年にPKO等協力法が成立。国連の傘のもとで海外派遣を行うルートが出来上がった。そして九六年の「安保再定義」。アジア・太平洋地域の平和と安定を、日米の「死活的利益」と位置づけた。それを具体化したのが、日米新ガイドライン（防衛協力のための指針）である。

一時「邦人救出」も言われるが、やがて「周辺事態」という概念が登場。周辺事態法という形で、自衛隊が日本領域外で米軍と軍事的共同行動を行う法的枠組ができ上がった。そして、もともとは国土防衛戦を想定した「有事法制」が再登場する。

本章では、周辺事態法の成立に至る過程の雰囲気を拾いながら、それが「有事法制」とどのように接続していったかを見る。「不審船」問題で脅威対象が北朝鮮にシフトしていく流れや、首相の靖国参拝や国旗・国歌法の動きも拾う。わずかな期間に、「国のかたち」の組み替えに関わる出来事が続いたことがわかるだろう。

# 「非常事態」の年――一九九八年一月六日

本当はこれが新年冒頭の「直言」原稿だったのだが、元日付各紙を読んで差し替えたのだった。今年のキーワードは、「非常事態」（緊急事態）である。通常国会にも、新ガイドライン関連法案や、どさくさ紛れで、従来の積み残しの「有事」関係法案が出てくる。財団法人「平和・安全保障研究所」が昨年（一九九七年）一一月に出した提言は、「国民非常事態法」の制定を求めている（『朝雲』〈自衛隊の準機関紙〉一九九七年一一月二〇日付）。

『読売新聞』は年頭から社説でさかんに憲法問題に踏み込むことを説いている。年末の解説記事（松岡宇直）「新ガイドライン――アジア安定へ日米同盟再構築」はとくに露骨だった。縦見出し四段で「解けぬ憲法の呪縛――『緊急事態対処法』急げ」。憲法の「呪縛」という物言いに、その姿勢が端的に示される。内容は、「新指針に魂を入れる」ためには、「自衛隊法改正で済むという安直な意見」ではダメで、「周辺有事、日本有事にかかわらず国家の有り様に真正面から取り組む包括的な立法でなければならない」と、政府の尻をたたいている（『読売新聞』一九九七年一二月二八日付）。

話は変わるが、いま店頭に出ている雑誌『丸』と『世界の艦船』の一九九八年二月号表紙はとも

輸送艦「おおすみ」。海外への緊急展開能力を持つ（1998年6月、水島ゼミ撮影）

に、海上自衛隊の新輸送艦「おおすみ」の「雄姿」である。昨年二月一七日の「直言」（「大型輸送艦という名の強襲揚陸艦」）で述べたように、この艦は従来の海上自衛隊の運用思想とは明らかに異なる装備である。「わが国の自衛」というよりも、海外への緊急展開能力の一部をなす「外征」型の装備だ。『世界の艦船』の写真は上空からのもので、ヘリ発着艦スペースが二機分あり、ＤＤＨ（ヘリ搭載護衛艦）の第二種と異なる、第一種マークが付いている。これだと、海上自衛隊最大級ＭＨ53Ｅヘリが複数搭載可能で、ヘリ空母機能をもつ。捕鯨母艦のようにパックリ開いた後部からは、ＬＣＡＣ（エアクッション揚陸艇）が水煙を挙げて飛び出している。三月就役を前にした海幕広報室によるお披露目だ。今年中には、空自も新型輸送機（Ｃ17グローブマスターⅢ）の予算要求に向かうだろう。

このような装備は、「周辺有事」を媒介にして海外緊急展開能力を保持しようとするこの国の「防衛政策」の顕著な変化を象徴する。今年の焦点となる「非常事態法」の議論は、「日本有事」というよりは、「周辺有事」対処に重点移行していることに注意する必要がある。今年、この欄ではこれから登場する「非常事態法」の本質と問題点について、断続的かつ執拗にコメントしていく予定である。

## 周辺有事立法を批判する――一九九八年三月二日

先月中旬、広島で講演した。宿泊したホテルの二八階からは、すぐ右下に原爆ドーム、その奥に平和公園。宇品港《うじなこう》、江田島《えだじま》、似島《にのしま》などの島々も見える。美しい風景の向こうに、日清戦争から原爆までの日本の戦争史が重なる。久しぶりに市内を散策。比治山《ひじやま》の陰になり焼失を免れた段原《だんばら》地区の古美術店街に足が向かう。再開発の結果、伝統の古道具屋街は消え、すべてビルの中。違和感を覚える。昭和一六年製の憲兵腕章と、軍隊用のミツワ石鹸の箱を購入。小さな包みで五桁の買物となり、家族のあきれる顔が浮かぶ。

段原在住の志熊直人氏の『廣嶋臨戦地日誌』（復刻版・渓水社）もあった。県書記官が、臨戦地境戒厳下の広島の市民生活を克明に記録した一級史料だ。懐しかった。この本は広島大学勤務時代、『中国新聞』一九九四年三月二一日付文化欄で紹介したことがある（拙著『ベルリン・ヒロシマ通り』〈中国新聞社〉所収）。

一八九四年九月一五日から翌九五年四月二七日までの二二五日間、明治天皇が広島に移り、大本営が置かれた。木造の仮議事堂も建設され、臨時軍事予算や軍事関連法案が可決された。半年間に四個師団が宇品港から中国に出兵。広島の後方支援機能はフル動員された。『日誌』の「広島市宿舎取調表」を見ると、寺院一一二、民家四三〇八戸（三六三五六畳分）の受け入れ能力が記載されている。戦時編成の師団は二万数千人。出港までの間、民家・寺院に分宿して、市民総出でたきだしを行った。県書記官の几帳面な筆は、さまざまなトラブルを含め、行政や市民が戦争にどのように協力していったかをリアルに描写している。

一世紀前の話をなぜ書いたのか。それは、新ガイドライン関連国内法の骨格が決まったという『毎日新聞』二月二八日付「スクープ」を見たからだ。構想されているのは、①周辺有事の際の米軍への「後方地域支援」を定める新法、②物品役務相互提供協定の有事バージョン、③在外邦人救出に自衛艦を派遣するための自衛隊法改正、④船舶検査（臨検）法の計四本。『朝日新聞』三月一日続報では、新法の名称につき、後方地域支援に限ったときは「後方地域支援法」、臨検等を加えたときは「周辺事態法」が想定されているという。「後方地域支援法」には自治体や民間業者への協力要請などが盛り込まれる。米軍の海外における軍事行動に、自治体も民間も深く関与するわけだ。一世紀前とは比べものにならないハイテク軍隊に対して、「いたれりつくせり」の態勢が準備されている。「後方地域」（rear area）とは「戦場および第一線地区より後方の地域」〈米国防総省軍事関連用語辞典〉のこと。日清戦争の時代は広島が臨戦地境になったが、現代戦の「後方地域」のすそ野は広い。なぜ、米軍にそこまで協力するのかという議論が欠けている。またもや手段の議論が突出してきた。ちょっと前までは「難民が押し寄せる！」といった「有事オブセッション（強迫観念）」だったが、今や、「早く制定しないとアメリカが怒る」という「対米オブセッション」に変わったようだ。

## 周辺事態法は軍事のための「如意法」――一九九八年四月一三日

いよいよ「周辺事態法案」が具体的な姿をあらわした。ここ数カ月いろいろと予想されていたなかでは、結構踏み込んだものになっている。四月八日付「日米防衛協力の指針の実効性を確保するための法整備の大要」という政府文書を見ると、①新法の概要、②日米間の取決め（ＡＣＳＡ協定〈物品役務相互提供協定。燃料や物品を米軍に提供する根拠となる〉の改正）、③自衛隊法の改正の三本柱からなる。基本原則として、「武力による威嚇又は武力行使に当たるものではないこと」とあるが、「物を燃やすときには火を使わない」というようなもの。中身はこれまで以上にキナ臭い。

「捜索救難」の活動は人道的活動のような語られ方をしてきたが、今回は露骨に「周辺事態における戦闘によって遭難した戦闘員を捜索救難するための活動」と明記されている。それを、「他国の同意」があれば「他国領海」でも行うというところまで踏み込んだ。「周辺」が地理的概念でない以上、この「他国」にも限定はない。「捜索救難」という言葉に惑わされてはいけない。東京大空襲を行うとき、米軍は、被弾したB29が不時着水することに備え、硫黄島から伊豆半島沖まで潜水艦や水上艦艇を一定距離ごとに待機させ、捜索救難・救急医療の態勢をとった。米軍は自己の構成員の生命を徹底的に大事にする。だから、米軍戦闘部隊にとって、捜索救難態勢が整っているかどうかは、兵士の士気という点からも重大な関心事。そうした任務を自衛隊の人員・装備・予算を使ってやらせようというわけだ。

これは、後方支援というよりは、事柄の性格と重要度からいって、戦闘部隊の活動の直接支援に近い。「戦闘によって遭難した戦闘員」という表現を広くとれば、戦闘の経過のなかで「他国」の海岸に孤立した米軍部隊を、部隊ごと救出する輸送作戦を担うことも想定される。「国以外の者による協力等」では、自治体の長に対して「協力を求めることが出来る」、「民間等に必要な協力を依頼することができる」という一項が入った。「できる」という表現に、強制力の弱さをみるのは早計だ。

武器の使用も、自衛隊法九五条（武器等の防護のための武器の使用）が根拠規定となりそうだが、とんでもないことである。九五条は武器や弾薬、航空機、車両などを防護するための武器使用を認めた規定だが、これを国外で活動する自衛隊の部隊が何らかの武器使用をするときの根拠規定に援用することは許されない。法的な言い方をすれば、武器使用には別個の法的根拠を必要とする。九五条を海外での武器使用の根拠条文とすることは、立法の作法としてははなはだ疑問である。かつてグレーゾーンとされてきたところが、今回きれいにクリアされてしまっている。こんな大切な事柄が、十分な情報の開示もなく、国会での十分な審議も欠いたまま推進されようとしている。「周辺事態」の認定を国会承認事項からはずし、「報告」ですますことを、自らが作る法律でうたってしまう。そんな国会って、いったい……。

かなり無理な構成で、かつ急いでつくろうとしている「周辺事態法案」は、アメリカに対して日本もここまでやるよということをアピールすると同時に、「自衛隊」が「普通の軍隊」となるための重要な一歩となろう。孫悟空の「如意棒」は思うがままに伸び縮みする。「周辺事態法」は、軍事エリートのための「如意法」になりかねない。

## 「周辺事態」と地方自治体――一九九八年六月二二日

先週末、新潟市で「周辺事態法案」について講演した。県労組会議などの「新潟港の軍事利用に反対する県民の会」主催。会場は満杯で、聴衆は非常に真剣だった。法案九条一項は、「関係行政機関の長は、法令及び基本計画に従い、地方公共団体の長に対し、その有する権限の行使について必要な協力を求めることができる」と定める。自治体に対してどのような協力が想定されているのか、法案からはまったく見えてこないため、自治体関係者は不安を隠さない。

四月二〇日の全国基地協議会（会長・横須賀市長）と防衛施設周辺整備全国協議会（会長・浜松市長）が、新ガイドライン関連法により「住民生活や地域経済活動などに少なからぬ影響を及ぼす可能性がある」として、基地所在自治体の意向を尊重するよう政府に求めた。一週間後、渉外関係主要都道府県連絡協議会（会長・神奈川県知事）が、法案検討にあたって自治体の意見を聴取し、その意向を尊重するように要求している。同趣旨の要望書を、神奈川県や東京都の基地所在自治体の連絡協議会も政府に提出している。

一方、内閣安保室は、「協力」の例として「自治体が管理する港湾や空港の活用」を挙げ、「強制はできないが、協力への一般的な義務を自治体に課す」もので、「正当な理由なく拒めば違法になる」としている（『毎日新聞』六月一〇日夕刊）。法案は「空港及び港湾業務」として、離発着・出入港への支援、積み降ろし作業およびそれに類する物品・役務の提供を挙げる。港についていえば、港湾荷役作業への協力やフォークリフトなどの提供などが挙げられよう。米軍は、軍事物資をコンテナ化して輸送する（ミリタリーカーゴ）。近年、全国の港で、コンテナバースが次々に新設されているというのが気になる。米軍はすでに利用可能な港湾の調査を完了しており、米軍艦船の各地への寄港は、そのデモンストレーションというわけだろう。

これに対して、港湾管理権をもつ自治体は、「住民及び滞在者の安全」（改正前の地方自治法二条三項一号）を守るという観点から、米軍への協力要請を拒むことも許されると解する（憲法九条、九二条）。国・政府は安全保障政策に対する広範な裁量権をもつが、それは無制限なものではない。裁量権の逸脱・濫用にわたるものがあれば、自治体は政府の要請を丸飲みする必要はない。「周辺事態法案」による米軍協力には、従来政府が違憲としてきた「集団的自衛権の行使」の具体化を多く含む。私は安保条約も自衛隊も、そもそも憲法に違反すると考えているが、「周辺事態」をめぐるその運用実態は、違憲性の程度をいっそう高めていると言えよう。自治体は、独自の見識と判断に基づき、政府の協力要請に対して毅然たる態度で対応すべきだろう。

## 「後方地域支援」は「後方梯団兵站支援」――一九九八年七月一三日

レギュラーをしているNHKラジオ第一放送『ラジオ深夜便』の「新聞を読んで」の担当日がたまたま投票日になった。それで「二〇世紀最後の参院選」の意味についても触れてみた。実は、この番組のレギュラー二名が参院選に立候補したため、担当ディレクターから、「先生は立候補されないでしょうね」と私に確認の電話が入っていたのだ。「彗星が地球に衝突するよりも、それは低い確率です」と答えておいた。

この選挙期間中、「周辺事態措置法案」を含め、平和や「安全保障」の問題は目立った争点にならなかった。選挙も終わり、米軍への「後方地域支援」を質的に強化する「周辺事態措置法」実現に向けた動きがどのように展開するか、予断を許さない。ところで、英字紙『ジャパン・タイムズ』四月八日付は、この法案中の「後方地域支援」のことを、端的に rear echelon logistical support と書いた。echelonという言葉を使ったのが興味深かった。この言葉は「梯状配置《ていじょうはいち》」（人員・装備をひとまとまりの群に即して区別すること）、あるいは「梯団《ていだん》」を意味し、軍の編制に即した展開パターンを指す。logisticは「兵站《へいたん》」で、これらを合わせて直訳すれば、「後方梯団兵站支援」となる。

『ジャパン・タイムズ』紙は、新ガイドラインの「中間取りまとめ」を報じたときも、一面のトップにWAR MANUAL（戦争マニュアル）の大見出しを打ったことで知られる。同紙が「後方梯団兵站支援」という言葉で表現しようとしたことは、アメリカ人にはすっきり理解できるだろう。日本政府は、国内向けの説明のため、「後方地域」という表現によって軍事的色彩を薄めようとしているが、アメリカ人にとっては、戦闘部門と兵站部門とは不可分一体の関係にある。米軍の兵站重視は昔から徹底しており、アイゼンハワー将軍（後に大統領）は、「兵站を理解しない者は近代戦における将帥の資格なし」とまで言った。一方、旧日本軍は、歩兵や砲兵の「兵科」こそ中心という思想が根強く、「輜重《しちょう》輸卒が兵隊ならば、蝶々トンボも鳥のうち」という言葉に示されるように、兵站部門を馬鹿にしていたことがうかがえる（拙著『戦争とたたかう』〈日本評論社〉参照）。

現代戦においては、後方部門の役割はより大きくなっている。だからこそ、米軍は日本による「後方地域支援」を非常に重視している。米軍の戦闘作戦行動にここまで深く関与し、かつその後方部門を大きく支えておきながら、「戦闘に巻き込まれません」というご都合主義が通用するだろうか。「周辺事態措置法案」によって、自衛隊の部隊は米軍の「後方梯団」に組み込まれるのである。ちなみに、「新聞を読んで」のレギュラーの二人（女性）は、民主党と社民党の比例第一位でそれぞれ当選した。

## 稲嶺沖縄県知事の「誓い」はどこへ――一九九九年二月八日

私は、昨年（一九九八年）一一月の沖縄知事選直後に那覇で講演したが、その際、「ジャーナリストとは航海士。ジャーナルとは航海日誌のこと。記録し、書きつづけることが大切だ」と述べた。その場にいたマスコミ関係の方が、稲嶺恵一沖縄県経営者協会会長（当時）が九五年一〇月二一日の県民総決起集会（米兵による少女暴行事件に対する抗議集会）で行った演説を送ってくれた。当時の録音テープをもう一度聴きなおし、全文を文章化したものだ。

演説は、「ただいまの仲村（清子）さんの、本当に心の中からにじみ出るような叫びを聞きました。

たいへん心を打たれました。ぜひ、この純粋な少女たちの願いが叶うように、本日この会場六万を超える皆さまとともに連帯して闘っていくことのメッセージ、ご挨拶を申し上げます」で始まる。稲嶺氏は、日米両政府に対して、地位協定の不平等是正や、在沖米軍基地の整理縮小の促進、地域別基地配置の均衡を図ることなどを強く求めている。そして、「今後とも大田知事、嘉数《かかず》（県議会）議長を先頭に、われわれも一丸となって皆さんとともに前進することをお誓いしまして連帯のご挨拶といたします」と結んでいる。

この「誓い」は今、どうなっているのか。選挙が終わってしまえば、アメリカの方から聞こえてくるのは基地の機能強化の話だけだ。九八年一一月二四日の「直言」（「沖縄知事選をどう見るか」）で指摘した通り、アメリカの狙いは沖縄に最新鋭垂直離着陸機ＭＶ22オスプレイの前進基地を設けること。『朝日新聞』（西部本社版）一月二一日付は、初めてオスプレイの全体写真を第一社会面に使って「基地強化」を報じた（東京本社版は記事なし）。沖縄の第三海兵遠征軍副司令官は、普天間基地のへりが二〇〇七年以降、オスプレイに「更新」されると発言。ヘリコプターよりも凄まじい騒音で知られる機を、人口密集地域に配備するのか。

この副司令官発言に対して、稲嶺知事は、「基地機能の強化につながるかどうか判断材料を持ち合わせていない」（『沖縄タイムス』九九年一月二三日）、「オスプレイがどういうものか分からないので何とも言えない。私の基本的な考え方は、基地の整理・縮小をはかることと、基地の機能の強化には反対ということだ」（『朝日新聞』前掲）と述べている。稲嶺氏は選挙中、北部陸上空港案を出したが、オスプレイの沖縄配備は米海兵隊の殴り込み機能を格段に高めるもので、まさに質的軍拡である。稲嶺氏は四年前の「誓い」に立ち返るべきである。

## ドイツのシェルター内で考えた周辺事態法
### ――一九九九年五月三〇日（ドイツ滞在中）

五月二七日。快晴、気温二八度。朝日新聞の桜井元・ボン支局長のはからいで、連邦政府の核シェルターに入った。ボンの官庁街から国道九号線を南に三〇キロほど走ると、アール川（ライン川支流）沿いの鉱泉療養地バート・ノイエンアールに着く。ここはもうラインラント・プファルツ州である。周囲の丘は一面の葡萄《ぶどう》畑。狭い道を少し行くと、鉄柵と刑務所の監視塔のようなものが見えてくる。巨大核シェルターの入り口だ。正式名称は「連邦憲法諸機関退避所」（Ausweichsitz der Verfassungs-organe des Bundes）。直径八メートル、長さ三キロメートルの鉄道用トンネル（一九一〇年着工。その後鉄道計画中止のため放置）をベースにして作られた地下核シェルターである。冷戦時代の一九六〇年に建設が始まり、七二年完成。建設は極秘に進められた。

東西二ブロック、五区画に分かれ、坑道や脱出道などを含めると、全長は一九キロメートル。地下六〇メートルの自然岩盤を利用し、核攻撃にも耐えられるように設計されていた。長いトンネル

ドイツ連邦政府の核シェルターの入り口

の下半分のスペースに八九七の事務所や会議室を、上半分に九三六の宿泊用個室や浴室などがある。収容定員は三〇〇〇人。維持費には、警備部門を除き、技術職員だけで一八〇人分の人件費と、電気代だけでも年間二〇億円がかかる。一九九七年一二月九日、連邦政府はこの施設の売却を決定した。だが、買い手はあらわれず、施設の閉鎖・水没が決まっている。管理は昨年まで、連邦民間防衛庁第三部が、今は大蔵省の連邦財産管理部門が担当している。

案内は、チェラツキー氏、六四歳。名刺を見ると、ここの技術主任。気さくな人柄の方だ。このシェルターに二九年も勤務している。立法、行政、司法すべての憲法機関を「有事」の際に一カ所に集めて安全を確保するのは他国にも例がない、と誇らしげだ。だが、施設に通ずる道はかなり狭く、多数の議員や大臣たちがどうやってここまで来る

核シェルター内にある居住セクター

のかという質問には、笑って肩をすくめてみせた。地下での事故に備えて、ガスマスクが渡された。

厚い鉄扉《てっぴ》から中に入ると、スーッと冷たい空気が体に触れた。核に汚染された外気を遮断する密閉区域に入ったのだ。入口近くには、移動用の自転車や、連結式電気自動車がある。地下の空気清浄施設や浄水、下水などの施設を見て回る。どの施設も機械も老朽化が進んでいる。発電機は一九六七年製だった。地下水が漏れだしているところもある。居住セクターに公衆電話ボックスがあったが、電話機は撤去されていた。テレコムが新しい電話機と交換するか問い合わせてきたが、基本料金が高く、撤去を決めたそうだ。「今までも、これからも、誰も使わない電話ボックス」。この写真は撮り忘れた。

首脳の居住セクターは厚い鉄扉で隔離され、扉が開くとき、けたたましいサイレン音が響き、緊

非常議会が開かれる会議室

張する。首相執務室は思ったより狭く、ロッカーには、ボールペンでコール前首相の名前が悪戯書きされていた。巨大パネルのある会議室に入る。ここで、ミニ非常議会たる「合同委員会」（基本法五三a条）が開かれ、三分の二の多数で非常事態を確認することになっていた（一一五a条二項）。ミニ議会は、連邦議会から三二人、連邦参議院から一六人の計四八人からなる。ホームページで全員の名前が分かる。「有事」の際にも、政府や軍だけに判断を委ねず、最後まで議会が関与する究極の仕組みだ。

地下六〇メートルにあるその会議室で、遠く日本に思いをはせた。ここに来る前、日本の参議院のホームページで五月二四日の議事経過を見て驚愕したからだ。午後三時四三分開会。職安法等の改正法案の趣旨説明のあと、周辺事態法案など三件を「押しボタン式投票」で可決。午後六時一〇分散会とある。何というあっけなさだ。日本の対外政策の大転換が、かくも簡単に決まっていいのか。議会とは一体何なのか。

帰りは電気自動車を使い、シェルター内を一気に走り抜け、出口へ。太陽が眩《まぶ》しい。定年目前のチェラツキー氏と二人で、監視塔をバックに写真を撮る。人生の半分近くをこの地下で過ごした氏の屈託のない笑顔が印象的だった。

## 海外から見た「旗と歌」――一九九九年七月二六日（ドイツ滞在中）

ライン川にはさまざまな国の船が航行している。後尾の旗で識別できるが、娘に「どこの国の旗?」と聞かれても、「あれどこだっけ」という有り様。国の旗の識別は存外難しい。コソボ戦争で有名になったマケドニア。ボンのメイン・ストリートに、五月下旬から六月一一日まで、この国の巨大な旗が一〇メートルおきに掲げられているのを見たときは、その色と柄のセンスに仰天。前の車に追突しそうになった。

私の家の隣はブルガリア高官の公邸。二階の窓に国旗を掲げている。この旗と、イタリア国旗を右上に九〇度回転させて横に引き延ばしたハンガリー国旗とを区別するのは難しい。モナコとポーランドとインドネシアの国旗を旗竿に取り付けるときも、上下を逆にしないよう神経を使うだろう。オランダとユーゴも同様だ。でも、こちらは上下を間違えたら命にかかわる。国際平和部隊としてコソボにいるオランダ軍兵士が、国旗を逆さにつけたら、米軍に攻撃されかねない（冗談）。バングラデシュ国旗の緑地を白地にしたら、どこかで見たような旗になる。世界には似た者同士が結構多いのである。

さて、日本では、「国旗・国歌法案」が成立するという。第二次大戦終結からまもなく五四年になるが、アジア地域では、侵略のシンボルとしての「日の丸」に対する負のイメージが依然として残っている。ドイツは旗にはナイーブだ。ナチスの旗を掲げたら、犯罪になる。黒・白・赤の旧帝国旗を包み紙に使う日本の有名ドイツ菓子店。そこのバウムクーヘンをドイツに土産に持って来たら（そんな人いないか）、極右と勘違いされかねない雰囲気がある。「日の丸」を法制化するよりも、それが象徴する歴史的宿題の解決（戦後補償）の方が先決だろう。

「君が代」を国歌として法制化することは、さらに問題である。そもそも「歌う」という人間的営みに強制の要素を含ませる社会は、まっとうではない（旧軍の軍歌演習など）。「君が代」は、その歌詞に重大な問題がある。「君」とは英語のyouを意味するといった屁理屈は通用しない。六年前から一一〇カ国の在外公館で無料配布されていた『日本の国旗と国歌』というパンフレット（英語版）では、「君が代」の意味を「皇帝（天皇）の治世」と説明していた。私もそのコピーを入手したが、当該箇所は「the Reign of Our Emperor」となっている。「天皇の御世《みよ》」と訳すのが自然だろう。このパンフを、『西日本新聞』が六月二日付「スクープ」で問題にした。イタリアの日本大使館のホームページにも同様の記述があったが、この報道以降、削除された（六月三日一四時五〇分に直接確認）。外務省はパンフ配布を中止する指示を出した。国会対策（公明党への配慮）との印象は否めない。

ところでドイツでは、国歌の三番は歌われない。「世界に冠たるドイツ」という歌詞が含まれているからだ。私が参加したいくつかの行事で国歌が歌われたときも、一番で終わった。歌わない人もいる。これが自然だ。だが日本では、とくに教育現場で押しつける傾向が従来から強い。そんな状況下で法制化を進めれば、法律が想定する以上の強制力を社会的に発揮することになる。六月二六日の『フランクフルター・ルントシャウ』紙は、「二つのシンボルの濫用」の歴史に触れながら、自殺した広島県立高校の校長名をフルネームで紹介するなど、最近の日本の教育現場の状況を一面で詳しく紹介している。

個人の精神的自由のありように抑圧的な効果を及ぼすおそれのある法律は、厳格な審査が必要だろう。ちなみに、私は学生時代から、大声で校歌を歌いながら群れるのを好まなかったから、早慶戦には実はあまり行っていない。それでも、先日、一人でアウトバーンを一日七〇〇キロ走ったとき、校歌を三番まで何回も歌っていた。

## 靖国「公式参拝」と自民党第二代総裁・石橋湛山——二〇〇一年八月六日

一年生の法学演習では年に二回フィールドワークをする。前期は靖国神社遊就館と憲政記念館などをまわる。今年は日程の都合で、七月最後の授業をそれにあてた。三五度を超える炎天下、学生たちを連れて巨大な鳥居をくぐる。黄色い提灯（献灯）がびっしりと並ぶ。最初は個人名の献灯が中心だが、本殿に近づくにつれて、旧軍の部隊名の献灯が多くなる。そしてメインの場所には、政治家たちの献灯がびっしり。中曽根康弘氏だけ二個。どこでも目立ちたがる人だ。

毎年七月一三日から一六日まで行われる「みたま祭」。靖国神社には二四六万六〇〇〇柱の「みたま」が祀られている。かつて愛媛県はこの祭に、計四回三万一〇〇〇円を公費支出した。最高裁は、愛媛玉串料訴訟判決のなかで、この「みたま祭」への支出も憲法違反と判断した。「みたま祭」は「靖国神社の祭祀中最も盛大な規模で行われ」、いずれも「神道の祭式にのっとって行われる儀式を中心とする」もので、「県が特定の宗教団体の挙行する重要な宗教上の祭祀にかかわり合いを持った」ことは明らかである、と。

そして最高裁はいう。「地方公共団体が特定の宗教団体に対してのみ本件のような形で特別のかか

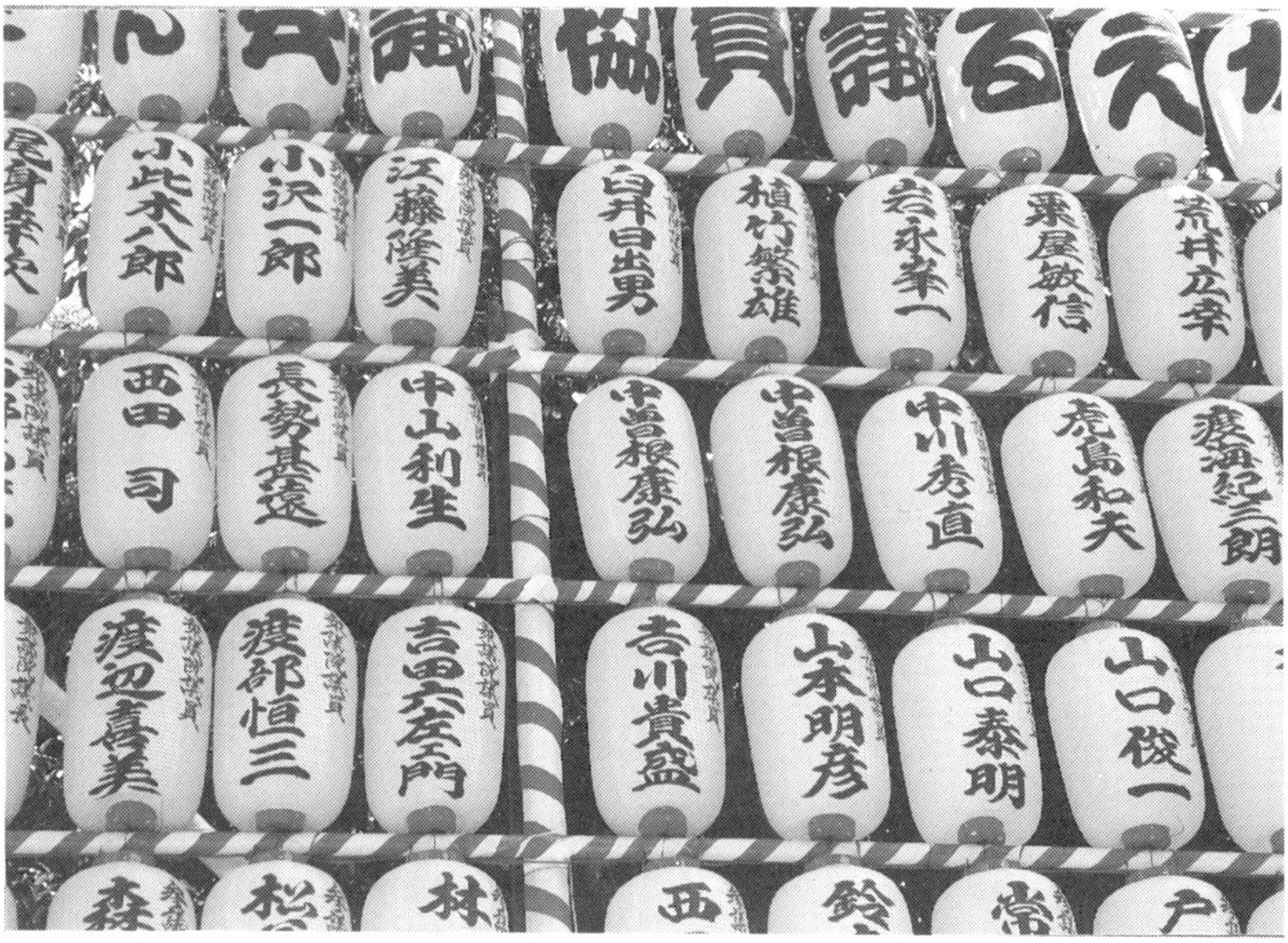

靖国神社に並ぶ政治家たちの献灯（2001年7月）

わり合いを持つことは、一般人に対して、県が当該特定の宗教団体を特別に支援しており、それらの宗教団体が他の宗教団体とは異なる特別なものであるとの印象を与え、特定の宗教への関心を呼び起こすものといわざるを得ない」。したがって、玉串料や「みたま祭」に公費を支出することは、その目的が宗教的意義をもち、その効果が「特定の宗教団体に対する援助、助長、促進」になると認められ、「我が国の社会的・文化的諸条件に照らし相当とされる限度を超える」ものであり、憲法二〇条三項の禁止する宗教的活動にあたり、また八九条が禁止する公金支出にあたると判断した（最高裁一九九七年四月二日大法廷判決）。

判決は評価に値するが、欲を言えば、目的・効果基準を使わず、特定宗教団体の行事に対する直接の公費支出として、ストレートに憲法八九条違反を導いた方が、判断の仕方としては妥当だったと思う（園部判事の補足意見。高橋・尾崎両判事の意見も重要）。

ところで、愛媛玉串料訴訟で違憲と判断されたのは、県知事の行為である。国の機関である首相が靖国神社を訪れ、そこで「自分の気持ちをあらわす」ことは憲法上どう評価されるか。個人として、目立たないように参拝する分には問題はない。個人の自由である。だが、首相である間は、私的場面は限定されざるを得ない。私的と主観的には思っても、社会に与える印象や意味合いは常に「公的」である。では、正面から首相としての公的資格で参拝すればどうか。これは、特定の宗教法人の祭神に対する拝礼という宗教的活動にあたることは明らかであり、下級審の判例もその違憲性を鋭く指摘している（特に仙台高裁判決一九九一年一月一〇日）。ただ、靖国神社への公式参拝が問題なのは、それが宗教施設であるからだけではない。靖国神社が単なる宗教施設ではないことも重要なのである。

戦前、陸海軍省が神官の人事権も含む完全な管理権を持ち、合祀基準も「名誉の戦死」のみで、民間人のみならず、戦病死や自殺なども合祀されなかった。敵前逃亡で銃殺にされた兵士の魂も、広島・長崎の原爆犠牲者も東京空襲などで死んだ人々も入れない。魂の選別（セレクト）が厳格に行われているからだ。人の魂が「招魂の儀」を経て「神霊」と化し、その「忠魂」を慰霊するところに、靖国神社の際立った特徴がある。「みたま」とは普通の人の魂ではなく、国家に忠誠を尽くして亡くなった「忠魂」だけを意味する。

注目すべきことは、二四六万六〇〇〇柱の「みたま」は無限に増殖する。こんな神社は他にない。「国事に殉ぜられた人々を奉斎」（靖国神社規則〈一九五二年〉第三条）するわけだから、自衛隊員が周辺事態出動で死亡すれば、ここに入る。合祀は拒否できない。靖国神社の地方出先が護国神社だが、夫の殉職自衛官がここに合祀されるのを拒否してクリスチャンの妻が起こした訴訟は、あまりに有名だろう（自衛官合祀訴訟）。

靖国神社の境内のすべての木々には部隊名がついている。靖国神社は軍事的施設（正確に言えば、国家イデオロギー装置）であったし、いまも意識と儀式の点では連続性を保っている。新しい戦争を精神的に準備する施設でもある。だから、首相の公式参拝というのは、政教分離原則違反と同時に、精神的にも戦争目的に動員されないという平和的生存権の観点から見れば、国民の精神生活の軍事化という問題をも含んでくるのである。

「靖国の宮に、み霊《たま》は鎮《しず》まるも、をりをりかへれ母の夢路に」（一九三六年ＮＨＫ国民歌謡）。この歌を作詩した大江一二三は、茨城大学名誉教授大江志乃夫氏の父親である。大江教授はその著『靖国神社』（岩波新書）のなかで、あれほど母思いだった青年の魂だけでも「をりをり」ではなく、永遠に母のもとに帰ることをなぜ国家は認めないのか、と問うている。母思いの青年とは、中国戦線で戦死した一人の見習い士官のことである。彼の血まみれの軍服から出てきた母の写真の裏には、「お母さん、お母さん、お母さん」と二四回も書かれていたという。

靖国神社はそうした青年の魂をも、軍服を着せたまま閉じ込めている。国家が起こした戦争の犠牲者の魂を、彼らが最も帰りたかった各自の家庭に返すべきである。もちろん、「靖国で会おう」という言葉を信じて、靖国で慰霊することに心の安らぎ・納得を求める遺族もいる。その慰霊の気持ちを大切にするならば、靖国神社に首相が「公式参拝」して、政治的対立を生むこと自体が、それらの人々が静かに慰霊することを妨げるものだろう。

亡くなった人々に対して哀悼の気持ちを示すこと。この最もナイーブでデリケートな営みを、各自の心の内側の自由に委ねることが大切なのだ。公権力はその場に介入してはならない。国民の問題ではなく、個人の問題なのである。

自民党第二代総裁・首相（一九五六年一二月二三日〜五七年二月二三日）の石橋湛山は、戦前から徹底した個人主義者として知られた。ラフな恰好をしてソバ屋にブラッと入ったり、オペラに行ったり、という今時の首相の「個人趣味」とは質が違う。思想的に深められた個人主義だった（以下、『石橋湛山評論集』岩波書店参照）。だから石橋はこう言い切る。「人が国家を形づくり国民として団結するのは、人類として、個人として、人間として生きるためである。決して国民として生きるためでも何でもない」。石橋が戦後、靖国神社の廃止をいちはやく主張できたのも、徹底した個人主義の思想が背後にあったからだろう。

石橋は自民党総裁と首相に就任したとき、「五つの誓い」を発表した。そのなかに「世界平和の確立」がある。石橋は後に発表した「日本防衛論」のなかでこう述べる。「わが国の独立と安全を守るために、軍備の拡張という国力を消耗するような考えでいったら、国防を全うすることができないばかりでなく、国を滅ぼす。したがって、そういう考えをもった政治家に政治を託するわけにはいかない」と。小泉首相の「熟慮」のなかに、石橋の言葉は加えられるのだろうか。

## 「不審船」事件をどう見るか——二〇〇一年一二月三一日

一九九九年三月二三日の「不審船」事件が起きたとき、私はドイツに向かうルフトハンザの機上にいた。事件を知ったのは、ドイツに着いた翌日の母からの電話だった。その日、コソボ紛争のNATO空爆が始まった。あれから三三カ月。奄美大島沖の東シナ海で、ついに「不審船」に対する船体射撃が実施され、結果的に一五名の人命が失われる事態となった。海上保安庁職員三名も負傷した。「不審船」が沈没したのは中国の排他的経済水域（EEZ）内だった。該船を発見したのは、警戒監視任務についていた海上自衛隊第一航空群（鹿児島県鹿屋）のP3C哨戒機とされている。最初米軍が偵察衛星で発見して、海上自衛隊に知らせたとも言われている。

P3Cから送られた写真を海上幕僚監部で解析した結果、北朝鮮工作船に酷似していたというので、海上保安庁に連絡。巡視船による追跡が始まった。海上自衛隊のイージス艦「こんごう」と護衛艦「やまぎり」が該船を挟み打ちにすべく、西に向かって出航した。現場では三隻の巡視船が該船を停止させようと試みたが、逆に自動小銃や携帯型ロケットランチャー（RPG7）らしきものによる反撃を受けた。そこで「正当防衛射撃」が決断され、該船は沈没した。その模様を伝えるテレビ映像は衝撃的だった。夜間の荒波でも目標を固定して射撃できる装置付きなので、二〇ミリ機関砲弾一八六発のほとんどが命中した可能性が高い。該船からの射撃による巡視船の被弾は一六八発という。

それにしても、この事件にはわからないことが多すぎる。自衛隊による発見（米軍が最初？）から海保への連絡までに九時間も費やしたことが問題になった。『毎日新聞』一二月二七日付社説は、「もっと早めに各機関が連携した態勢を敷けば、中国のＥＥＺまで逃走されず、捕捉できたかもしれない」と批判する。だが、そこに別の意図はなかったか。あえて「不審船」を挑発し、自衛艦でなければだめという状況をつくり出す演出とみるのは穿《うが》ちすぎか。法的に見れば、追跡の開始地点が日本の領海ではなく、日本のＥＥＺだったことも問題を残した。

船舶には公海自由の原則があり（国連海洋法条約八七、九〇条）、他国の領海内であっても無害通航が認められている（同一九条一項、二四条）。ただ、沿岸国の安全を害する情報収集や武器を用いての訓練などを行うことはできない（同一九条二項）。そういう無害通航とはいえない行動をとった船舶に対して、海保が必要な法的措置をとることは正当である。また、沿岸国は排他的経済水域においても、法令の執行のため必要な措置（臨検、拿捕《だほ》など）をとれる（同七三条）。追跡権はＥＥＺにおいても認められるから（同一一一条）、ＥＥＺ内で違反行為が現認されれば追跡できる。

では、今回の「不審船」はいかなる法的根拠で追跡されるに至ったのか。日本のＥＥＺ内で漁具を積んでいないなどから不審とみなされ、漁業法七四条に基づく検査・質問のために停船命令が出された。だが、該船はこれに応じなかったため、漁業法一四一条（検査拒否）で警察権限の行使がなされたわけである。だが、該船が停止しないというだけで、船体に三度にわたる機関砲射撃を行ったのは疑問である。先般の「テロ特措法」制定のどさくさに紛れて海保法の改正が行われ、領海内での危害射撃ができることになったが（二〇条二項）、ＥＥＺに二〇条二項は適用されない。ただの漁業法違反の疑いだけで、船体射撃は過剰すぎないか。

追跡権は被追跡船舶がその旗国または第三国の領海に入ると同時に消滅するから、九九年に「不審船」を取り逃がした「トラウマ」が海保幹部になかったとはいえない。この意地と面子《めんつ》が、現場を危険な状況に追い込んだのではないか。ちょっと引いてみれば、なぜ沈没（自沈の可能性あり）にまで至るような追い込み方をしたのかが問われる。

北朝鮮の工作船が日本近海に出没していることは確かであり、日本海側で起きている一連の行方不明事件にも関連があるとされる。この問題に関しては、三〇年来の畏友・高世仁君の仕事（『拉致―北朝鮮の国家犯罪』〈講談社文庫〉の著者。横田めぐみさんの問題について早い時期から取り組んでいる）を私は評価する。だが、北朝鮮に対して軍事的に対応することには反対である。今回のことで、巡視船の武装を強化するとともに、自衛艦で対処する法的根拠を創出すべきだという主張がすんなりと通る雰囲気が生まれてきた。すでに、先般の海保法改正では共産党までが賛成にまわり、反対したのは社民党だけという状況である。海保法改正は「テロ特措法」制定とセットで考えるべきである。

海の警察である海上保安庁は、その組織や訓練など軍隊化が強く戒められている（海保法二五条）。その装備や運用方法にも、おのずと海上警察的な限界がある。海保の軍隊化は許されない。では、相手が強力な装備をもつ「不審船」である以上、軍艦である自衛艦で対処すべきだという主張をどう見るか。私はこの主張にも反対である。この点、韓国の『朝鮮日報』社説（二四日付）が注目される。同社説は、「日本の『過剰』と『傲慢』」というタイトルのもと、「今時まだ工作船を送っているのかと嘆かわしいばかりだ」と北朝鮮を批判しつつ、日本がとった措置への懸念を二点にわたり表明している。

一つは過剰対応の問題。「日本の巡視船が先に攻撃をし、それも三度も攻撃した後になって怪船舶が応射したこと」に社説は注目する。「領海内では先制射撃が可能になるよう海上保安庁法を改定したが、それはＥＥＺでは通用しない」と批判する。

二つ目は、中国のＥＥＺで船舶を撃沈したことに着目し、「十分に拿捕《だほ》が可能であったにもかかわらず撃沈したのは説得力がない」とする。「日本は米国の９・11テロ事件以降、戦後五六年間タブーとなってきた自衛隊の海外派兵を行っただけでなく、最近に入ってから軍事力行使に足かせになってきた要素の取り除き作業を始めている。その延長線上で出たのが今回の日本の行為である。日本は今回の事件に対する徹底した調査と共に、周辺国の『懸念』が日本の国益にもプラスにならないことを直視しなければならない」と結ぶ。重要な指摘である。北朝鮮の奇怪な行動に対して、過剰な対応をとることは得策ではないだろう。

今後、韓国漁船とのトラブルや、中国の覇権的な海洋政策の弊害もさらに深刻化する可能性がある。これに「海軍力」の強化で向き合うのではなく、地域的な安全保障枠組の創出をめざして、この国の外交能力の錬磨こそ求められている。

## 小泉流緊急事態法制の危なさ——二〇〇二年一月一二日

元旦の『読売新聞』の一面はすごかった。「『安保基本法』制定へ。政府、『有事』に包括的対応。首相権限強化、私権を制限」。何事かと思わせる観測記事。きな臭い見出しが、父親（皇太子）似の例の赤ちゃんのかわいい写真（カラー版、一六×一一センチ）を縦横に取り囲む。何とも「無粋な」紙面構成ではある。ページをめくれば、半ページ弱を使った社説のタイトルは「『テロ後』に臨む日本の課題政策を総動員して恐慌を回避せよ」。憲法九条二項の改正を急げと声高に叫ぶ。

このところ小泉首相は「有事法制」を「できるところから」手をつけよと言いだした。この人は従来の政治家がおよそ使わない言葉を実にあっけらかんと駆使する。この年末にはこんなことを言った。「(有事法制研究の)第一分類とか第二分類とか第三分類とか言うこと自体が技術的すぎる。専門バカになりつつある。役所別の分類にこだわらないで、総括的、包括的に考えるべきだ」(『朝日新聞』一二月二九日付)。

八〇年代から防衛庁が行っている「有事法制」研究は、防衛庁所管の法令(第一分類)、他省庁所管の法令(第二分類)、そして所管が明確でない法令、あるいは捕虜や住民避難に関する事項(第三分類)に分けられる。こうした三分類による立法作業を「専門バカ」と言い切ることで、包括的「有事法制」制定への勢いをつけようとしているかのようである。

上記『読売新聞』に続き、一〇日付『産経新聞』に、政府サイドのリークと思われる記事が載った。「緊急事態基本法案」(仮称)が、一月二一日召集の通常国会に提出されるというのだ。三分類に基づく「有事」関連法案の整備は、この基本法が成立した後に行われるという。小泉流の「包括的」「総括的」な方向なのだろう。

法案提出の趣旨は、武力攻撃や「大規模テロ」などの「緊急事態」に総合的に対処することである。「大規模テロ」が正面に据えられているのが目を引く。内容上のポイントは四つ。

第一に、「平時」には「中央緊急事態対処会議」が、「有事」には「緊急事態対処本部」が内閣官房にそれぞれ設置される。

第二に、首相は電気通信設備、有線・無線設備を優先的に利用できる。土地・建物の一時使用や病院の管理、車両などの破損に対して損失補償する。

第三に、通行禁止区域などで警察官または自衛官が車両の移動等を命令できる。指定行政機関の長は、物資の生産販売業者などに対して、必要な物資の保管または収用を指示することができる。第四に、首相に「重大緊急事態」の布告権限を与え、それが布告された地域では、①生活必需物資の配給、譲渡、引き渡しの制限または禁止、②物の価格または役務の給付の最高額の決定、③金銭債務の支払い延期と権利の保存期間延長などを政令で定めることができる。

「テロ対策特措法」が自衛隊の戦時派遣に重点が置かれていたとすれば、今回の法案は、本格的な国内有事体制の整備が主眼である。国民の権利や生活に密接に関わる事柄も少なくない。テロや「不審船」事件など、国民が漠然と抱いている不安感に便乗して、憲法上重大な疑義のある仕組みを一気に実現しようとしている。そもそも日本国憲法は国家緊急権（立憲主義の通常の方式では克服できない事態が起きたときに、臨時に執行権に権限を集中して対処することを認める権利）に関する規定をもたない。国家緊急権に対するこの「沈黙」をどう評価するか。憲法九条の徹底した平和主義とセットで総合的に解釈すれば、国家緊急権の制度化は憲法上否定されたものと理解するのが妥当であろう。

緊急事態法制についての小泉首相の「お気に入り」は、「包括的」「総括的」という言葉である。要するに、できるだけ広範に、アバウトに行け、ということだ。だが、こと緊急事態法制の問題では、権力の濫用の危険をチェックするために、包括的な委任を避け、限定化の方向を追求することが立憲主義に合致している。

なお、ここで法案の具体的な点に若干触れておく。たとえば、車両の移動を制限する交通統制の権限が自衛官に与えられたり、有線・無線の統制や優先利用や、土地・建物の一時使用等々、現行の自衛隊法では「防衛出動」（武力攻撃が行われ、そのおそれがある場合）下令後に認められることが、従来の「有事法制」とは違って、武力攻撃に至らない事態でも、かなり広範に認められることになる。

また、各国の緊急事態法制に見られるさまざまな工夫、特に議会関与の仕組みについて、法案ではほとんど顧みられていない。逆に、政令事項を格段に増やすことで、法律ではなく、内閣の命令（政令）で国民の権利に関わる重要な事柄が処理されていく。「テロ対策」と言いながら、そこで検討されている内容は、冷戦時代の「本土防衛戦」における自治体・国民動員の仕組みと重なる。ここは「専門バカ」に徹して、憲法の観点からの厳しい検証が必要だろう。

## 「普通の国」先輩国ドイツのジレンマ——二〇〇二年三月二五日

「有事法制」をめぐる動きが急である。三月一八日午後、参議院議員会館会議室で開かれた「有事法制を考える市民と超党派議員勉強会」で講演した。この日、春闘団体交渉（総長出席）が急に入っためため、一時間ほど話をして大学にとんぼ返りした（当時、早稲田大学教職員組合書記長）。そんなわけで、用意した話の三割程度しか伝えられなかった。ただ、組合会議や団体交渉の仕切り役の仕事が続くなか、久しぶりの講演は、私にとってはリフレッシュの場になった。

なお、講演の冒頭、その日午前中にベルリンから届いた「ドイツ連邦議会防衛監察委員第四三回（二〇〇一年）年次報告書」（三月一二日付）を紹介しながら、「完璧な緊急事態法制」をもつドイツが陥っているジレンマについて述べた。

ドイツは冷戦後、憲法（基本法）改正を行うことなく、連邦憲法裁判所の関連判決を根拠に「NATO域外派兵」を連続して行い、ついにコソボ紛争のNATO空爆に参加した（一九九九年）。そして「ブッシュの戦争」では、陸軍特殊部隊（KSK）を米軍の戦闘作戦行動に参加させるところまできた。

現在、アフガニスタンの首都カブールの治安維持に八七六人、カンダハルに特殊部隊（KSK）九二人、ウズベキスタンに一二六人、クウェートに対ABC（核・生物・化学）兵器部隊二三八人、「アフリカの角」（ジブチ）に海軍部隊一二七八人、ボスニア一七一九人、コソボ四七〇五人、マケドニア五八六人、グルジア一四人、米本土警戒に計六二人（フロリダ州一二人、オクラホマ州五〇人〈空中早期警戒管制機AWACS要員〉）などを合わせると、約一万人が外国に派兵されている（Der Spiegel vom 11. 3. 2002, S. 174）。

冷戦後、連邦軍の駐屯地閉鎖や人員削減、予算削減が進み、九二年八月に四七万六三〇〇人いた連邦軍は、現在二八万六〇〇〇人にまで縮減されている。その上、「国防」とは別筋の外国出動（日本的に言えば海外派兵）が急増し、それらは軍人の士気に微妙な影響を与えている。三月六日、ついにカブールで、対空ミサイル廃棄処理中に爆発が起こり、二人の曹長が死亡した。戦後ドイツにおける初の「戦死者」である。それ以降、「ブッシュの戦争」を圧倒的に支持してきたドイツ世論は急速に冷めつつある。

さて、防衛監察委員は、連邦議会で直接任命される「軍事オンブズマン」である（五一ページ参照）。年次報告書には、昨年（二〇〇一年）就任したW・ペンナー氏から私宛の直筆の手紙も添えられていた。前任のマリーエンフェルト委員からきちんと引き継ぎを受け、公表と同時に私にエアメールを送ってくれるという配慮がうれしかった。

報告書によれば、この一年で連邦軍の将校・下士官・兵士から計四八九一件の請願があった。報告書公表にあたってペンナー防衛監察委員は記者会見し、「外国出動が、連邦軍の可能性を『使い果たした』」と述べている（die tageszeitung vom 13. 3）。軍人たちは、外国出動の増大とそれと結びついた国内の追加任務によって「負担過重」を感じている。特に現地の安全性（派遣国の治安悪化）や装備や待遇面での不十分さに対する切実な訴えも増えている。バルカン地域では宿泊施設が貧困で、兵士一人あたり四平方メートルしかないという。装備や車両の老朽化が進んでおり、使用する兵士の年齢よりも古いものもある、と。

ペンナー委員は、特にアフガン派兵時における情報の流出・混乱を指摘する。当該軍人よりもメディアの方が情報を多く知っているという状態が続くなか、「若い軍人の家族」にとっては「不快で悩ましい状況」が生まれたという。さらに、バルカンに派兵された軍人たちは、当該地域に対する政治的展望を見失っており、「職務の意味に対する疑念」が高まっているとも。ペンナー委員は、若い軍人家族にとって負担となる六カ月の派遣期間の長さと、危険な任務に比べてわずかな外国派遣手当てについて、批判の声が強いことも紹介している。

なお、前掲の『シュピーゲル』誌によれば、外国派遣手当ては非課税の一八〇マルク（一万円弱）のみで、六カ月で中型車一台が買える程度の額という。また、ペンナー委員は言う。連邦軍の変化した任務と兵役義務の政治的正当性を合致させることは容易ではない。バルカンやアフガンへの派兵は「ドイツの防衛」や「NATO同盟」ではないからだ。

英米のように「普通に」武力行使を行う「普通の国」となったドイツは、いま深刻なジレンマに陥っている。アメリカはアフガンに爆弾の雨を降らせながら、後始末をNATO諸国にまかせ、「次の獲物」に向かっている。「新参者」ドイツは甘く見られており、腰が引けてきたNATO諸国は、バルカンではドイツに任務を押しつけている。日本と同様に「金しか出さない」と非難されたドイツ。「人も出そう」と派兵を始めるや、次々に任務を押しつけられ、ついには一万人もの兵士がドイツ国外に駐留することになった。それでも、米軍のイラク攻撃（五月にも予定されている）には、さすがのドイツ政府も三月に入って、「国連決議がない米軍単独行動には参加しない」と明言するに至った。

ひるがえって日本はどうか。来日したブッシュ大統領は国会で演説したが、そのなかに、「私の親友の小泉首相はイチローそっくりです。どんな球（対日要求）が来ても、全部ヒット（聞き入れる）にする」という下りがある。これを聞いて微笑んでいる首相。「まっとうな」右翼なら、「国賊」として非難すべき事例なのだが。

かくて、講演で紹介した「普通の国」ドイツのジレンマは、「有事法制」を整備したあとに来る日本の状況を先取り的に示しているように思われる。ただ、小泉首相は、ブッシュ大統領の要求にぎりぎりで「ノー」を言ったドイツ政府の真似はできないだろう。それだけに、このタイミングで有事法制を通すことは、アジア諸国にもアメリカにも、日本が軍事行動にさらに一歩踏み出すというメッセージを発することになる。個々の条文の問題にとどまらない、「有事法制」の重大性がここにある。

## 「有事」思考を超えて――二〇〇二年四月八日

「有事」関連法案の骨格が見えてきた。ただ、三月中に閣議決定できず、四月九日、さらに一六日と延び延びになっている。タイトルも「平和安全確保法」とやら。略したら「平安法」か。「有事法制」をめぐる動きについて、三月一八日に参議院議員会館で講演したが、その講演を載せたいというメディアがいくつもあった。そのなかで、『社会新報』四月三日付は私の顔写真入りで長めの文章を載せたが、事前のゲラチェックはなく、突然「掲載紙」が自宅に届いて驚いた。こういう雑な対応をされると、秘書給与問題にも共通する脇の甘さを感じざるを得ない。

『週刊金曜日』編集部も講演記録のまとめを送ってきた。これは四月五日号（四〇六号）に掲載された。「直言」としては異例の長文になるが、全文を収録することにしたい。

## ※「先輩国」のドイツが陥ったジレンマ

今日届いたドイツ連邦議会軍事オンブズマン（防衛監察委員）の年次報告書（三月一二日付）の紹介から始めます。軍事オンブズマンは、軍隊内における人権侵害や待遇問題について、将校・下士官・兵士からの請願に基づいて調査をおこなう議会補助機関です。予告なしに部隊を訪問して部隊長に質問したり、資料提出を求める権限を持っています。

報告書によれば、この一年間に四八九一件の請願があり、そのうち人事や人間指導に関する事項が七割近く。そこには、軍のリストラと外国出動の増大の影響が見られます。現在、連邦軍約三〇万人のうち、外国に約一万人が派遣されています。たとえば、アフガニスタンの首都カブールに八七六人、同国南部のカンダハルには特殊部隊九二人がいます。報告書から、外国出動でさまざまな矛盾が起きていることが分かります。

ドイツは、憲法（基本法）を改正することなく、連邦憲法裁判所の判決を根拠に、NATO域外派兵を「定着」させ、一九九九年にはユーゴ空爆に参加しました。そして今、〝テロとの戦い〟と称してアフガンでの戦闘作戦行動に参加しています。しかし、もともと国防軍としてつくられた徴兵制の軍隊です。冷戦後、他国（地域）に派兵される介入型軍隊に改編されつつありますが、予算は削られ、待遇も十分でない。軍事オンブズマンは、「職務の意味に対する疑念」が高まっていると述べています。軍人の間に不満と士気の動揺が存在することを読み取ることができます。

ところで、アフガニスタン国際治安支援部隊（ISAF）の一員としてカブールに駐留しているドイツ兵二人とデンマーク兵三人の計五人が三月六日、ミサイル爆発事故で死亡、八人が重軽傷を負いました。戦後、日本と同じようにいろいろな「負債」を抱えて出発したドイツが、ついに戦闘行動の中で戦死者を出したことは象徴的です。ドイツ世論はいま、大きなショックを受けています。政権内部からも米国への軍事協力の拡大への批判が出てきましたし、軍事オンブズマンも、新たな外国出動には反対と語っています。

「金しか出さない」と非難されたドイツ。「人も出そう」と派兵を始めるや、次々と任務を押しつけられ、ついには一万人もの軍人がドイツ国外に駐留するはめになった。でも、イラク攻撃については、さすがのドイツ政府も、「国連安保理決議がない限り、ドイツ連邦軍は参戦しない」という態度をとっています。

英国のブレア首相だけが米国の単独行動を支持しましたが、英国軍幹部からは反対意見も出ています。ようやく世界の国々は、「ならず者国家」と勝手に認定した国に対して米国が性急な軍事行動をとることに対して距離をとるようになりました。

ところで日本は、四分の三周遅れでドイツを追いかけています。一周遅れだと結局同じ位置になるんですが、四分の三周遅れだから惨めなんです。おたおたとついていくなかでインド洋に護衛艦を出し、国内では「有事法制」を整備しようとしているわけです。

旧西ドイツは一九五六年と六八年に憲法（基本法）を改正して、軍事法制と〝完璧な〟緊急事態法制を整備しました。軍人の基本権制限を憲法に規定する一方、軍事オンブズマン制度や強力な議会統制のシステムをつくる。また「有事」の確定を「合同委員会」というミニ非常議会に委ねるなど、執行権の暴走を防ぐ安全装置を随所に盛り込みました。

一方、日本はどうか。小泉純一郎首相が集団的自衛権に関して「憲法前文と九条には隙間、あいまいな点がある」とか、自衛隊の武器使用に対して「危機に瀕している仲間を助けるのは自然の常識でできる」などと答弁する、「隙間と常識」の国ですから、うかうかと法律整備はできないのです。しかし、最近、与野党を含めて若い世代の政治家たちは、戦争体験や軍隊体験がない分、きちんと法律で定めればＯＫ、憲法で緊急権を明確にした方がいいというあっけらかんとした発想をします。私は、これを条文フェティシズムと呼んでいます。

破防法にしろ軽犯罪法にせよ、基本的人権を侵害するような運用をしてはならないと書いてありますが、現実は甘くはない。問題は、緊急事態に関する法律が実際にどう機能するか、運用されるかという点と、政府が運用する能力を持っているかの二点です。

阪神・淡路大震災のとき、災害対策基本法や災害救助法など既存の災害救助法制を十分に運用すればかなりのことができたにもかかわらず、政府は運用できなかった。今回の「有事法制」では、「有事」の際には対策本部をつくるとなっており、本部だけは小泉さん先頭に仰々しくつくるようなんですが、そういうシステムを作ったからといって、それを運用する政治側の能力の問題を抜きにして考えるわけにはいきません。

だからもうすぐ出てくる「有事」関係法案について考えるとき、そのようなシステムが戦後の日本で初めてできる結果、なにがもたらされるか先を見なければなりません。

ドイツという〝先輩〟が、いわば完璧な緊急事態のシステムを持っていながら、なおかつジレンマで苦しんでいます。ということは、問題は法律の条文ではない。市民と政治の関係、この国の政治の構造的な問題との絡みで考えなくてはいけません。政治が腐敗し、また大人も子どもも簡単に人を殺してしまう社会の歪みのなかで、「有事法制」が暴走しない保証はかなり低くなってきています。

### ※「有事法制」の当面の狙い

「有事法制」をめぐる研究は着々と進んでいるようでいて、八四年に第二分類（他省庁所管の法令）の報告が出されて以来、あんまり「進歩」がないのです。その理由は二つあります。

一つは憲法との整合性がやはり問われるので、改憲論の進み具合との関係がいま一つしっくりしないという事情がある。改憲によって憲法に緊急権規定を入れたいのでしょうが、そう簡単ではない。改憲なしでどこまでやるかという見極めでも一致が見られないのですから、今後もいろいろと紆余曲折はあり得ます。

もう一つは国内法だけでなく、国際法がかかわってくる分野です。国際法の分野との調整も結構むずかしい。「有事法制」の研究対象について、従来の第一、第二、第三といういわば縦割り的な分類をやめようというのが小泉さんの考えです。そこで彼は包括的な法という言い方をした。

私は包括法と聞いたとき、緊急事態法を正面から出してくるのかと思いました。つまり、対外的緊急事態＝戦争、対内的緊急事態＝内乱・暴動、そして大規模災害という三類型を包括する緊急事態法制です。しかし国会に出てくるのは「外部からの武力攻撃事態に対処する法制」に限定しているので、包括という言葉の意味がかなり狭いんですね。

しかし、その包括法を通そうとしても憲法があります。憲法の存在価値はまだ大きいのです。第一に、日本国憲法の徹底した平和主義の観点からすれば、軍を中心とする執行権に権力を集中する国家緊急権のシステムを導入することはできません。それならばと、正面から改憲をして緊急権を導入せよという動きもまだ有力ではありません。

一番問題となっているのは基本的人権の侵害です。民間人にも「有事」の際に自衛隊への協力を罰則付きで義務づける。具体的には、建設・運輸・医療で働く人々に対して従事命令や、物資の保管命令を罰則付きで出してくることになります。これは災害救助法による災害時の権限を、戦時にもスライドさせる手法なのですが、自然災害と究極の人災である戦争は同じではない。大規模災害で、たとえば被災者のために食料を確保するため、物資の保管命令を知事が出して、これに強制力を持たしても誰も反対はしないと思います。それが、「ブッシュの戦争」に協力するから物資を保管しろ、反対したら逮捕だと言ったとき、さすがに国民の同意を得ることはむずかしいでしょう。

そこで今回の「限定」が出てきました。つまり、日本に対する武力攻撃事態に絞る。日本国民が危険にさらされるという点で、一応大規模災害と同じと見なすわけです。いくらなんでもインド洋上の米軍に送るための物資の保管命令を罰則付きで強制することはすぐには無理だという読みです。

でも、忘れてはいけないのは、いったん法的な枠組みができると、次から次へとスライドして使われることです。九二年にＰＫＯ等協力法を制定するとき、池田行彦防衛庁長官（当時）は、旧社会党などの「上官命令で撃ったら武力行使になるんじゃないか」という追及に対して、「個々の隊員の判断を束ねることはありうる」という方便で逃げ切りました。ところがその後、ＰＫＯ等協力法二四条が改正されて、上官の命令による発砲が可能になりました（六三ページ参照）。個々の判断に委ねて勝手に撃った方が危険だという〝常識論〟が、上官命令を正当化していったためです。その後は、周辺事態法もテロ特措法も、武器使用は、ＰＫＯ等協力法にあわせて、上官命令になりました。

だから今回、「日本が攻められた場合だから、国民の人権が制約されてもやむを得ない」という論理に乗ったら最後、いずれ海外における米軍への武器補給その他についても準用されていくのは見えています。だから、武力攻撃事態における人権制約を認めてはいけないのです。

## ※「有事」が不寛容を正当化する

そもそも、新たな「有事法制」を必要とする立法事実があるのかが問われなくてはなりません。法律をつくるにあたり、それを必要と認める事実が納得がいく形で示されているかどうかですが、「有事法制」を必要とする客観的事情を誰も説明できていません。

西元徹也・元統幕議長が『朝日新聞』のインタビューにこう答えています。「有事法制の必要論が盛り上がっているなか、もう一回、領域警備の問題や根本的なテロ対策に引き戻すと、また二年、三年とかかってしまう。再び、忘れ去られる危険性が十分にある」（三月八日付朝刊）。いまつくらないとできない——これが、唯一の立法事実です。

もう一つ、政府側の立法事実は「集団的自衛権の行使」を可能にすることです。つまりドイツがやったように、自衛隊が米軍とともに作戦行動を展開できる枠組みをつくりたいわけです。ただ、集団的自衛権というと米国のためのようですが、実は日本のためです。日本の権益保護のために自衛隊をいわば、武力による威嚇の道具として使おうとしています。

自衛隊は端的に言って戦争ができる軍隊ではありません。戦争ができないようにつくられました。しかし、これを武力による威嚇のカードに使おうとしているから、自衛隊内部からも異論が湧いています。「私は日本国を守るために自衛隊に入った。しかし、これは日本のためではないではないか。なんのために私は命を捨てるのか」という疑問です。つまり誰のために死すか、という最も重要な士気の部分がいま揺らいでいます。

先程述べたように、〝先輩国〟ドイツでも、士気は揺らいでいます。国防のためなら死のうと思っているのになぜカブールで死ぬのか。説明がつかない。

軍事オンブズマンの制度があれば、こういう軍隊内部の声が議会に届くんです。日本は届かない。だから日本でも、この制度をつくる必要があると私は考えています。

「有事法制」はどの国にもあるのだから、「備えあればうれいなし」という程度のものと考えてはいけません。それが突破口となって、軍事力で威嚇する国へと、日本が形を変えていくのです。外交のカードに軍事力を使う国への離陸が始まりました。

一方で、「有事」は「不寛容」を正当化します。「有事」という発想をした瞬間、日ごろ進歩的な主張をする人が自国民中心思考に陥ります。たとえば、だれがテロリストかわからないといって、米国は一〇〇〇人ぐらいのアラブ系住民を拘束しています。六〇〇人がまだ弁護人とも会わせてもらっていない。合衆国憲法違反ですね。でも、「今回は例外だ」といって、リベラル派でもこれに賛成する人々が出ています。

「有事」思考には、民族的・思想的・宗教的マジョリティを「国家」の名において統合する作用もある。進歩的な考え方の人も一緒になって、マイノリティを排除する方向に進む。

そして「有事法制」は、仮想敵国（民）を前提にするため、国内における当該国（民）に対する悪感情あるいは不当な取り扱いが懸念されます。ここが重要です。「有事法制」をつくっただけで、どこが敵なのかを想定することになります。このことは、ようやく日本が獲得してきた、二度と戦争をしないというメッセージを葬り去る可能性さえ含んでいます。

拉致事件の問題は、ずいぶん前からわかっていたのに、なぜかこのタイミングで警察から情報が出てきました。もちろん拉致された人々は確実に存在するし、一刻も早く家族のもとに返させなくてはなりません。大変重要な問題です。しかし、こうした問題までも、「有事」思考を高めるために政治的に利用しようとする動きがある。注意が必要です。

私は、「有事」思考によらない安全保障の道を一貫して提言し続けてきた者として、安全保障を国まかせにしない考え方が大切だと思います。平和のアクター（担い手）は、いまや国家だけでなく、NGO（非政府組織）や市民そして自治体に移ってきました。

たとえば、対人地雷条約の締結など、国家だけでなく、さまざまなNGOが加わって国家中心の条約システムを変えています。こういうときに日本がなぜ、カチカチの鎧のような発想で「有事」法制をつくるのか。このタイミングで「有事」関連法案を通すことは、アジア諸国や世界の市民に対して、日本がさらに軍事行動に踏み込むという誤ったメッセージを発することになる。「有事法制」のもつ重大な問題性がここにあります。

私たちは、途方もない根気と忍耐でもって、人を傷つけないで安全を守る枠組みをつくらなくてはなりません。9・11テロでその姿勢を崩したらダメです。今国会に提出される「限定された有事法案」に惑わされることなく、その先にある重大な問題点をしっかり見据える必要があります。

# Ⅱ 自衛隊・米軍をウォッチする

## ◆この章をお読みになる前に

自衛隊は「わが国を防衛すること」が主要な任務とされている（自衛隊法三条）。米軍は日本と「極東」の平和と安全の維持のために基地使用を許されている（安保条約六条）。しかしこれは壮大なる建前である。自衛隊は、一九九二年のＰＫＯ等協力法の制定以来、カンボジアを皮切りに、海外における活動を拡大している。

だが、憲法九条は武力行使を禁じている。自衛隊がその憲法九条に違反しないとする政府解釈は、「自衛のための必要最小限度の実力」という点にある。日本の「防衛」に無関係な、外国での武力行使は許されない。だが、隊員の正当防衛のための武器使用なら許される。

武器使用と武力行使の区別。武力行使につながる上官命令を排除して成立したＰＫＯ法が、わずか六年で緩和された。派遣原則もルーズになり、法制定当初の国会答弁では否定されたような「危険な地域」にも派遣されるようになった。市民生活と自衛隊の関わりという点でも、災害と治安という切り口から、自衛隊の国内使用の場が拡大されている。災害対策の軍事化傾向についても追ってみた。

そうしたなか、隊員の自殺に象徴される、自衛隊の内部矛盾も表面化してきた。その一解決法として、ドイツにおける「軍事オンブズマン」制度も紹介した。他方、米軍も国内ではやりたい放題。ハワイ沖で高校生を死なせる事件も起こした。本章ではそうした動きを拾いながら、自衛隊と米軍の「いま」をウォッチする。

# 「武器の使用」制限をゆるめるＰＫＯ法改正──一九九八年三月一三日

自衛隊の昇任試験問題集を見ていたら、陸上自衛隊平成六年度三尉候補者選考試験問題にこんなのがあった。第八問「わが国の平和維持隊への参加にあたっての基本方針について、誤りはどれか」。五択。停戦合意などの「ＰＫＯ五原則」がそのまま並べてあり、出題の仕方としては芸がない。もう少し工夫がほしいところだ。ところで正解は、選択肢の五つ目、「武器の使用は、部隊等の防護のために必要な最小限のものに限られること」。

ＰＫＯ等協力法二四条は、武器の使用の要件として、「自己又は自己と共に現場に所在する他の隊員の生命又は身体を防衛するため」と定めているから、「部隊等の防護のため」は誤りとなる。この法律の制定過程では、上官の命令で武器を使用すれば、憲法九条一項が禁止する「武力の行使」になってしまう。だから、「武器の使用」が「武力の行使」にならないギリギリの線として、個々の隊員の判断による武器の使用という抜け道を作ったわけだ。

これは「ミリタリー」の本質を理解しない、警察官の武器使用の発想に基づくものだという制服組の批判は、「軍事的合理性」から見ればその通りである。だが、こんな「非常識」なごまかしをしてでも、とにかく当時は自衛隊を海外に派遣するルートを確保しようとしたわけだ。最近になって、軍隊が個々に勝手に判断して発砲することは「常識」に反するから、上官命令で武器使用ができるようにせよ、という声が強まっている。『読売新聞』社説などは、「ＰＫＯ協力法改正は待ったなしだ」として、盛んにこの主張を展開している（二月二七日付）。

だが、いま、世界的に見て、ＰＫＯ活動の最大の課題は武器使用なのだろうか。この国のＰＫＯの議論というのは、何かがずれている。三月一三日、政府は、ＰＫＯ等協力法の改正法案の国会提出を閣議決定した。法改正の目玉は、「現場に在る上官の命令」による武器使用の規定の新設（二四条四項、五項）である。「現場に上官が在るときは」という形で、命令による発砲は例外的で、現行二四条にいう個々の隊員の判断による発砲が原則であるかのように読める腰の引けた定め方をしてはいる。だが、上官に率いられない部隊というのはそもそもあり得ないことで、この規定は実際上、「上官の命令」による発砲を原則化するものだ。国家機関としての自衛隊が組織的に発砲することは、外形的にはそれは武力の行使となる。国連の活動の一環だから、「国権の発動」ではないという言い方もされるが、憲法九条の武力行使の禁止はより徹底したものである。

今回の法改正案は、六年前は軍事的色彩が強いとして「凍結」されたＰＫＦ（国連平和維持軍）活動を「解凍」する一ステップといえる。軍事の「常識」からすれば、確かに自衛隊にだけ無理な規制を行うのはおかしいということになる。だが、そもそも、自衛隊の存在それ自体が憲法九条に適合しない違憲の存在なのである。ＰＫＯ等協力法二四条の「非常識」をいまになって「常識」に合わせようとするのは、結局、「自衛隊を軍隊にせよ」ということに通ずることを知るべきである。この国で、「軍事的合理性」が当然には通用しないことの意味を、もっとじっくり考えてみる必要があろう。

## 自衛隊ホンジュラス派遣の意図——一九九八年一二月七日

先月末、専修大学で「人間の安全保障を考えるセミナー」が開かれた。講演者は中米ドミニカから帰国したばかりの栗原達男さん（フォト・ジャーナリスト）、アジア研究センター助手の江正殷さん、それに私。

栗原さんの話は興味深かった。日本政府の甘い見通しのもとドミニカに送り込まれ、借金を背負い、劣悪な環境のなかで農業に従事している日系人。彼らをハリケーンが直撃したが、政府の対応は冷たかった。あるドミニカ日系人は「天災で泣くのは貧乏人ばかり。私たちは棄民だったんですね」と語ったという。

一方、同じハリケーン被害を受けたホンジュラスには、自衛隊が派遣された。国際緊急援助隊法に基づく陸上自衛隊「ホンジュラス国際緊急医療援助隊」と、空自「ホンジュラス国際緊急援助空輸隊」。前者は名古屋の第一〇師団を主力に、隊本部・付隊（医官一人を含む二六人）、治療隊（医官六人を含む二三人）、防疫隊（一五人）という編成で、指揮官は第一〇後方支援連隊長（一佐）。後者は、空自支援集団の一〇五人と第一輸送航空隊のＣ１３０Ｈ輸送機六機。派遣期間は二週間で、一一月三〇日に活動を終了した。

『朝雲』紙一二月三日には、「二週間で四〇三一人診療」「街路など三万平方メートルを消毒」といった見出しがおどる。新聞各紙ともに医療・防疫という「まともな目的」に目を奪われ、『朝日新聞』一一月一〇日付二面「海外派遣の『総仕上げ』」という記事を除き、この派遣の狙いをきちんと指摘したものはなかった。

一九九二年に自衛隊海外出動の三つのルートが作られた。ＰＫＯ等協力法によるＰＫＯ派遣と「人道的な国際救援活動」。前者ではカンボジアからゴラン高原まで、後者ではルワンダ難民支援という「実績」が作られた。三つ目は、ＰＫＯ等協力法制定のどさくさ紛れに改正された国際緊急援助隊法。消防レスキューや医療チームが地道な活動を行っていた分野に突然、自衛隊が乗り込んできた。災害派遣の海外版というふれこみだ。

実は今回、この三つ目の法的ルートを使い切り、自衛隊海外出動の三パターンを完成させることに主眼があったと私は見ている。ホンジュラス政府の「自衛隊派遣の要請」というのは怪しい。カンボジア派遣のとき、柿沢弘治・外務政務次官のやらせ要請の「前科」（一九九二年三月一九日、フン・セン首相に自衛隊の「派遣要請」を依頼した）もある。

この六年間、世界のあちこちで大災害があったのに、自衛隊の出番はなかった。派遣先はどこでもよかったのだ。周辺事態措置法案審議入りを前にして、手持ちの法的ルートを使い切っておくこと。しかも、アフリカから太平洋の東端まで、ちょうど米太平洋艦隊の担任領域（東経一七度から西経一六〇度）の両端に、空自輸送機を進出させる実動演習ができたわけだ。テキサス州ケリー基地にも後方支援隊が進出して、ホンジュラス派遣を支援した。

残るは、米軍戦闘部隊に対する直接的な支援活動だけである。だから、下痢に苦しみながら治療・防疫にあたった隊員たちの労苦だけを取り出して、「結構なことです」と評価するわけにはいかないのだ。コスト面でも、従来の医療チームを派遣した場合よりも何倍もかかっている。医療隊よりも本部管理部隊の方が人数が多い。これが軍隊だ。たとえば、クルド難民支援のため、ドイツも軍用機を使ったが、費用は物資一キログラムあたり一六マルク。これを民間機でやると一キログラムあたり一・七三マルクですむという。軍用機の方が九倍の費用がかかる計算だ。国際的な医療活動や保健・衛生活動などへの資金援助を増やした方が有効だ。いっそ自衛隊を解散して、国際災害救助隊に転換した方が、これからの地球規模の災害などに対処でき、世界中で喜ばれるだろう。

## ＰＫＦ凍結解除と危険な自・自連立――一九九九年一月九日

自・自連立にあたり、ＰＫＦ本体業務の凍結解除が合意された。この点に関して、『朝日新聞』（東京本社）一月九日付に私の談話が載った。紙面の都合で予定したものが全部掲載されなかったので、ここで紹介しておきたい。

「凍結されていた国連平和維持隊（ＰＫＦ）業務への参加を解除しようとする動きは、国連側の要請もないのに、突然に現れた。自由党の小沢一郎党首は、湾岸戦争以来、国連の旗のもとでの武力行使は憲法上可能と主張してきた。小沢氏の敷いた伏線はガイドライン関連法案から、さらに踏み込んで、武力行使を前提とする米国中心型の多国籍軍に自衛権を参加させる道を開くものと言っていいと思う。昨年（一九九八年）六月、国連平和維持活動（ＰＫＯ）での武器使用基準が見直され、『上官の命令』で発砲できるようになった。また、周辺事態関連法案には、経済制裁の際の船舶検査（臨検）の実施が盛り込まれている。今回の合意は、こうした動きの延長にあり、自衛隊が領域外で武力行使する可能性を開くものだ。行き着くところは、米海軍による海上封鎖への海上自衛隊の参加なのではないか。日本国憲法は、武力による威嚇・行使を否定している。威嚇を背景に外交をするような国は、例え憲法を改正しなくても、もはや平和国家とみなされないだろう。国民はそんな選択を認めていないはずだ。自民党はこの問題を連立のカードにはせず、いったん棚上げにして選挙で国民の判断を仰ぐべきではないか」

突然の電話取材でしゃべったものだから、舌足らずな部分を残している。若干補足しておく。

まず、上官命令による武器使用（ＰＫＯ法二四条改正）についてはすでに述べた（六三ページ参照）。ＰＫＦ本体業務の凍結とは、ＰＫＯ法三条三項のイからへまでの業務に、巡回や武器の搬入・搬出の検査といった歩兵部隊が行う業務が含まれているので、別に法律で定める日まで実施しないということを指す（同法附則二条）。今回の連立合意はその実施法を制定するということを含意しているのだが、むしろ真の狙いは、三条三項ハの武器検査などが実施できるのだから、「船舶検査」（臨検）も当然という雰囲気を作るところにあるのではないか。

いずれも、「国連の旗」のもとでの活動だから憲法九条に違反しないとする小沢流の強引な論理が貫けるわけだ。小沢氏が自・自連立にあたり、「船舶検査」を周辺事態法案から切り離し、単独の立法にすべきだと主張している点も要注意だ。「後方地域支援」など、周辺事態法案には「後方」という言葉が多用されている。米第七艦隊が北朝鮮シフトを敷いて日本海に展開したとき、海上自衛隊の護衛艦は、海上阻止行動への参加を求められるだろう。そのとき、「後方か否か」などとは言っておられないから、単独立法にして、国連安保理決議さえあれば動けるような柔軟性を確保しておく。そこに小沢氏（そして背後にいるアメリカ）の狙いがある。

小沢流の「普通の国」論がまた表に出てきた。これは日本国憲法の想定する平和的な国家のあり方とは明らかに異なる。山内敏弘編『日米新ガイドラインと周辺事態法』(法律文化社)に、対案的な論文を書いておいたので参照されたい。

## 東チモール問題と自衛隊派遣——一九九九年一〇月一一日(ドイツ滞在中)

私の隣人は国籍が全部違う。ブルガリアの学者からカタールの軍医中佐まで。上の階のカナダ人(国連機関の幹部)とは、家族ぐるみの交流をしている。私の娘に英語を教えてくれていた息子さんが、七月初めに国連東チモール支援団(UNAMET)に参加した。それから娘は、BBCやCNNのTVニュースを見るようになった。私もインターネットの関連情報をプリントアウトしたり、新聞各紙を切り抜いて、娘に説明するのが日課になった。

八月三〇日に行われた住民投票は九八・六%という高投票率で、七八・五%が独立支持という結果だった。だが、投票直後から、残留派民兵による暴虐行為が頻発。国連関係者にも死者が出て、娘の顔も曇りがちだった。東チモール問題の箱が切り抜きや資料で一杯になった九月中旬、彼が帰ってきた。妻が近所の魚屋で小振りのマグロを一本買ってきて、刺し身や寿司などを大量に作り、無事帰還を祝った。

彼はげっそりやせて、帰宅後の一週間ほど眠れない日々が続いたという。インドネシア国軍の悪質な役割の話になると、彼の表情は一転険《けわ》しくなる。独立派住民への殺害計画は、すでに今年二月一六日段階で、国軍のY中佐が民兵指導者をディリに集めて組織していたという(Frankfurter Rundschau vom 17.9)。国軍の組織的関与は明白だ。多数の住民の生命が危ないという状況のもとで、国連安保理決議を受けた「多国籍軍」が東チモールに展開した。だが、民兵の暴虐の背後には、インドネシアがいる。東チモールを「アジアのコソボ」と呼ぶならば(Die Welt vom 6.9)、ジャカルタ空爆が筋になる。だから、インドネシアの「同意」のもとでの展開には初めから限界があった。しかも、各国軍隊の寄せ集めで、主力はオーストラリア軍。国益がらみの突出ぶりが際立ち、マレーシアなどとの対立も生まれている。

根本的問題は、東チモール問題発生の当初から、先進諸国がインドネシア擁護を続けてきたこと。日本の役割はとくに悪質だ。国連総会は一九七五年以来毎年、インドネシアの東チモール支配を非難する決議を挙げてきたが、日本はその決議に一貫して反対してきた。国連人権委員会での東チモール決議には、先進国で唯一棄権し、足を引っ張っている。

軍隊派遣で実績を作ろうと、ドイツもしぶしぶ参入した。フィッシャー外相が国連総会の演説で派遣を約束。国防相は、緊縮財政下で東チモール派遣はしないと明言していただけに、両者は一時対立した。連邦議会も、外相の先走りを非難しつつも、「象徴的貢献」(CDU)ということで、一〇月七日、衛生部隊一〇〇人の派遣に同意した。一三日、空軍輸送機（C160）二機がオーストラリアに向けて出発。要員一〇〇人のうち、医療関係者は二〇人のみ。月五一〇万マルク（三億円弱）の出費。軍隊を送ると金がかかる。医療活動に直接支援した方が効果的という声もNGOなどにはある。

ここでも、結局、軍隊派遣の問題に矮小化されていった。インドネシアの後ろ楯がなくなれば、残留派民兵は干乾《ひぼ》しになる。日本はインドネシアに対して、外交や経済援助の面で強力なカードを切れる位置にいる。そのカードを曖昧にしておいて、自衛隊派遣の議論に持っていくのは、東チモール問題解決とは別の意図があるとしか思えない。

娘の友人がやっている国連ボランティア（UNV）の活動は多岐にわたる。彼はこれに対する日本の資金協力を高く評価する。だから、東チモールのような「各論」になったとき、日本の態度が後ろ向きなのが残念でならないという。

## 石原都知事と「治安出動」訓練――二〇〇〇年四月一七日

「国中をひっくり返す」。ドイツの有名週刊誌『シュピーゲル』四月一〇日号に掲載された、写真

「ビックレスキュー東京2000」で視察する石原慎太郎・
東京都知事（写真中央、2000年９月水島ゼミ撮影）

入り三ページの石原都知事インタビュー記事の見出しだ。アメリカと中国を斬り、憲法改正を叫び、言いたい放題。最後に同誌東京特派員が、「あなたは、大半の日本の政治家たちと違って、国民の多くが考えていることをあけすけに語る。自分の党を作ったり、首相になろうということはないのか」と「美味しい質問」をすると、「あと一〇歳若かったら」と応じながら、都知事で十分やれると答えている。

月曜発売の同誌がドイツのキオスクに並ぶ前日、石原氏は自衛隊記念式典で、「不法入国した三国人、外国人が凶悪な犯罪を繰り返しており、震災が起きたら騒擾事件が予想される。警察では限度があり、災害でなく治安の維持も遂行してもらいたい」と発言。ドイツの読者に話題提供のサービスをした。当日一三時〇六分に共同通信がいち早くこの発言を配信（その際、「不法入国した」という部分を省いて石原氏の怒りを買う）。各紙は新聞休刊日のため、一〇日付夕刊で一斉に報道。「三国人」という表現に批判が集中した。

だが、石原発言の重大性は、外国人による「騒擾」と治安出動を結びつけるとともに、毎年九月に行われる防災訓練を「三軍演習」と位置づけ、治安出動訓練と一体化すべきだとした点にある。治安出動とは、「間接侵略その他の緊急事態」が発生し、「一般の警察力をもっては、治安を維持することができないと認められる場合」に、内閣総理大臣が国会の事後的統制のもとに（二〇日以内の承認）自衛隊を出動させる警察作用の一種である（自衛隊法七八条）。

治安出動にはもう一つ、都道府県知事の「要請」によるものがある。これは、「治安維持上重大な事態につきやむを得ない必要があると認める場合」で、都道府県知事が当該公安委員会と協議した上で、内閣総理大臣に対して要請する（自衛隊法八一条）。その要請文書には出動を要請する理由のほか、当該出動要請に対する都道府県公安委員会の意見が必須である（自衛隊法施行令一〇四条四項）。「一般の警察力」が機能するのに、自衛隊が出動することは許されない。だから、これまでもかなりの「騒擾事件」が起きても、自衛隊は出動できなかった。

一九六〇年六月、安保改定をめぐって、連日国会をデモ隊が取り巻いたとき、川島正次郎・自民党幹事長や佐藤栄作蔵相らは、赤城宗徳・防衛庁長官に対して自衛隊の出動を強く求めた。だが、杉田一次・陸上幕僚長は「自衛隊を安易に出してはならない」という態度を変えず、赤城も辞表を胸に要請を拒否した。鎮圧に自衛隊が出れば、同胞相討つことになる、と。

もっとも、杉田が長を務める陸上幕僚監部では、「関東大震災における軍、官、民の行動とこれが観察」（陸幕第三部、一九六〇年三月）を作成し、そのなかで、「外人（鮮人及び他の在日外人）及び要注意人物（思想犯その他の犯罪容疑者）を収容、監視するとともに、これが警護にあたっているが、これらは国際的問題をじゃっ起するおそれもあるので特別の配慮が必要である」と指摘し、旧軍が行った行為から「教訓」を導出している。同じ頃、陸幕は「治安行動（草案）」という鎮圧マニュアルも完成させている。なお、杉田陸幕長は戦前、大本営陸軍部の高級参謀（大佐）。六〇年当時、幹部には旧軍出身者が多く、「鮮人」という差別的な言葉も無批判に使われている。

それから四〇年が過ぎ、近年、自衛隊の部内からも、治安出動を自衛隊の任務から除くという主張も出ている。そういう立場からすれば、災害派遣（地震防災派遣）を重視して国民のなかに定着しようというのに、石原氏の発想は四〇年前に引き戻そうとするアナクロニズムということになる。陸上自衛隊幹部が「犯罪のたびに出動しろと言うのであれば、自衛隊本来の目的と違ってくる。暴動鎮圧などは本来、機動隊の役割で自衛隊が代わりに使われるのは困る」と述べたのは、正直な感想だろう（『朝日新聞』一〇日夕刊）。

ただ、石原知事は単に口がすべったのではない。近年目立ってきた外国人犯罪への市民の漠然とした不安感を巧みに利用して、「寝た子を起こす」狙いもあろう。都に寄せられた声のうちの七五％が石原支持（『アエラ』四月二四日号）というのも気になる。そういえば、右翼ポピュリズムのオーストリア自由党の政権参加が問題となっているが、その陰の党首J・ハイダーも州知事だった（一二八ページ参照）。

## 「ビックレスキュー東京2000」への疑問——二〇〇〇年一〇月一日

今回は、『沖縄タイムス』九月二〇、二一日両日付に連載された拙稿を転載する。

突然、公園の一角から真っ赤な煙があがった。擬砲煙筒（赤）を使った煙幕だ。とその時、公園の空気口のような鉄蓋がパッと開いて、迷彩戦闘服の自衛隊員が次々に飛び出してきた。担架やエンジンカッターを持つ者もいるが、大半は背嚢《はいのう》と携帯円匙《えんび》（ショベル）だけの軽装。第三一普通科連隊（埼玉県朝霞市）の一個中隊一七〇人だ。

九月三日（日曜）。猛暑のなか、東京都総合防災訓練「ビックレスキュー東京2000」が実施された。自衛隊は人員七一〇〇人、車両一〇九〇両、航空機八二機が参加。人員（一般参加者を除く）の四〇％、車両の五七％、航空機の七〇％を自衛隊が占める。これは例年の防災訓練とは明らかに異なる。

木場公園非常用出口から進出する31普通科連隊（2000年９月水島ゼミ・立野理彦君撮影）

石原都知事は昨年（一九九九年）九月の防災訓練のあと、「三軍を駆使した臨場感のある大訓練をやるべきだ」と述べ、その直後に志方俊之元陸将を都参与に任命した。任期は九月三〇日までの一〇カ月半という中途半端なもの。明らかに今回の訓練のための人事だった。志方氏は北部方面総監時代の九一年八月、大規模な緊急医療支援訓練「ビックレスキュー91」を実施した経験をもつ。九年目の夏、志方元陸将が仕切る自衛隊中心の訓練が、都の訓練として行われたわけだ。それは二九年前、中曾根防衛庁長官（当時）が実施しようとしたが、美濃部都知事の反対で頓挫した「三軍防災訓練」の「夢」の実現でもあった（『正論』一〇月号、石原発言）。

訓練会場は都内一〇箇所。ゼミの学生たちを都内各地に配置し、私自身も、タクシーを使って二つの会場をまわった。

自衛隊車両で埋め尽くされた江戸川河川敷（2000年９月）

冒頭の場面は、木場会場の光景である。隊員たちは、高松地下車庫（練馬区）から地下鉄大江戸線（都営一二号線、一二月一二日開業予定）の試験車両に乗り込み、木場公園（江東区）まで機動し、非常用出口から地上に進出してきたのだ。防災訓練なのに、なぜこういう意表を突く進出方法をとる必要があったのか。

朝霞や練馬の部隊は、災害発生直後の初動対処の任務をもつ。震災で電気が途絶し、構内の崩落もあり得るとすれば、地下鉄で移動する想定は不自然である。防衛庁は、地震発生の二、三日後に電力が復旧し、地下鉄が動いてからの「生活支援訓練」というが、木場会場での訓練は、どうみても初動対処のそれだった。

大江戸線は全長四〇・七キロ。東京の地下環状線に近い機能をもつ。都庁前駅から計二八の駅で部隊を降車させていけば、地上を移動する

輸送艦「おおすみ」から搬出される自衛隊車両（2000年９月水島ゼミ撮影）

ことなく、日本の政治・経済・文化・情報の中枢に短時間で進出することができる。ちなみに築地市場駅の出口は、朝日新聞東京本社の正面玄関前にある。大江戸線を使った訓練は単なる防災訓練だったのだろうか。

当日の自衛隊の動きを見ると、不自然な点は他にいくつもある。特に篠崎会場（江戸川区）。江戸川の河川敷は自衛隊車両で埋め尽くされ、ヘリが離発着を繰り返している。自衛隊の準機関紙『朝雲』八月二四日付は「自衛隊だけで実施する応援部隊の集結訓練」と書いた。だが、都の計画ではそうなっていない。辻褄合わせに、一台の消防車が装甲車の隣に並べてあった。

第四四普通科連隊（福島市）と第三八普通科連隊（青森県八戸市）を中軸に、東北・北海道の部隊が、東北自動車道や国道一二二号線などを使って集結してきた。三八連隊は八戸から江戸川まで約六六〇キロを走ったことになる。方面隊の長距離機動演習（他方面区演習）のミニ版を、東京を集結地にして初めて演練したことになる。しかも、四四連隊は即応予備自衛官（日常は普通の仕事をしていて、防衛招集などがなされると一線の部隊の配置につく）が八割を占める（会場広報）。羽田に着陸したC１３０輸送機にも、第四師団（福岡）の即応予備自衛官が乗っていた。防災訓練に合わせて、即応予備自衛官の集結訓練もやっていたわけだ。

なお、篠崎会場では、九二式浮橋による二五〇メートルの架橋訓練も行われた。震災対策ならば、橋の耐震性を高める方が先決だろうというのが率直な印象である。もっとも、渡河訓練を都内で初めて行ったところに意味があるのだろうが。

さて、メインの晴海会場（中央区）の埠頭には、広島県呉を母港とする大型輸送艦（ＬＳＴ）「おおすみ」が停泊している。掃海艇「あわしま」（イラク湾岸戦争に派遣）、そして補給艦「とわだ」（これもイラク湾岸戦争に派遣）。その横に一隻の艦が隠れるように停泊していた。うっかりすると気づかないが、かろうじて艦番号一二二を確認できた。汎用護衛艦「はつゆき」。防災訓練になぜ護衛艦が必要なのだろうか。「おおすみ」艦内での医療訓練も、一般の人は対象外だった。負傷者が自衛隊員だけという「災害」とは何か。参加艦艇は海外展開ユニットを構成しており、防災訓練に紛れて海外緊急展開訓練をやっていたのではないかとの疑問もわく。

ドイツの『フランクフルター・ルントシャウ』紙九月一日付は、「かつてない数の軍人が動員され、東京は部分的に一種の部隊演習場に変わる」と書いたが、その通りになった。

東京都の訓練実施細目を見ると、訓練主眼のトップは「警察・消防・海上保安庁等と陸海空三自衛隊との効果的な連携」である。従来の訓練に比べて、「と」の意味が違う。地方自治体の防災訓練において自衛隊は一つの参加単位だが、今回は「三自衛隊」。つまり、陸海空三自衛隊の統合運用が中心に置かれている。その結果、「平成一二年度自衛隊統合防災演習（実動演習）」を軸に、都の計画が実質上これに組み込まれる恰好になってしまった。各会場をまわっても、自衛隊が前面に出ていた。

実は、今回の訓練は、自衛隊の側からすると特別の意味があった。まず、防衛庁が市ヶ谷に移り、中央指揮所と情報本部が正式に立ち上がってから最初の本格的な実動演習となる。だからすべてのシステムを動かして演練することのできる絶好の機会だった。加えて、昨年（一九九九年）三月に施行された改正自衛隊法（二二条）により、統合幕僚会議議長の権限が強化された。自衛隊制服トップの統幕議長が、災害派遣や訓練においても三自衛隊を初めて統合的に指揮できるようになった。昨年三月の「不審船」対処ではまだ発動できなかったので、今回はこれを試す最初の舞台だったわけだ。一一月には、「周辺事態」を想定した日米共同統合実動演習（ＦＴＸ）も行われ、統幕議長による統合運用が実施される。二万人という最大規模の演習だ。総合防災訓練と周辺事態演習。これらは見えないところでつながっている。

さて、災害に対して市民生活をいかに守るかは、自治体の重要な課題である。防災訓練も適切に行われれば意味をもつ。だが、石原知事の異様な思い入れの結果、今回の防災訓練は大きく歪められてしまった。知事は、今回の訓練について、「北朝鮮とか中国にたいするある意味での威圧にもなる。せめて実戦に近い演習をしたい。相手は災害でも、ここでやるのは市街戦ですよ」（『ＶＯＩＣＥ』八月号）と述べていた。訓練の講評でも、「外国からの侵犯に対しても、まず自らの力で自分を守るという気概を持たなければ」と吠えている。これは、災害対策を軍事化的発想で染め上げるもので、防災訓練の趣旨を歪めるものだろう。また、知事は都の消防行政のトップの地位にある。その知事が自衛隊という国家機関を災害対処の主役だと持ち上げることは、自治体の長としては不見識と言えよう。

災害対処における主役は自治体であり、軍隊ではない。どこの国でも、大規模災害の場合に軍隊が自治体に協力することはあるが、その場合、軍隊は常にわき役に徹している。

例えば、アメリカ各州には州兵がいるが、州兵部隊の災害救援活動におけるモットーは、「最後に来て、最初に引き揚げる」（Last in, first out）。避難用テントの設営や仮設トイレの設置、飲料水の提供等を行い、適時撤収する。また、オーストリア軍の災害救助隊（ＡＦＤＲＵ）は、自治体や他の組織との連繋をはかるため、二つの原則をもつ。一つ。被災地においては、自治体の指揮下に入り、どの組織もできない専門的な仕事に徹する。二つ。自治体や他の行政機関、非政府組織、民間が行える活動を代わりにやってはならない（外岡秀俊『地震と社会』みすず書房）。

確かに自衛隊は巨大なマンパワーである。補給なしで活動できる「自己完結性」も備わっている。だが、それはあくまでも「国」の「防衛」のためであり、災害派遣は近年、その位置づけを高めているとはいえ、自衛隊の「本務」ではない。災害対処に転用できる装備も過大評価すべきではない。

近年、力の集中や自己完結性は自衛隊の専売特許ではなくなった。阪神淡路大震災後に発足した緊急消防援助隊と東京消防庁・消防救助機動部隊（ハイパーレスキュー）などは「開かれた自己完結性」をもち、燃料や食料の補給なしに一定期間活動できる。レスキュー隊の世界では、マニュアル通りにやり、そのもつ機能を動かす訓練を「基本救助訓練」といい、実際の場面を想定し、限られた人数のなかで、臨機応変な判断のもとに訓練するのを「応用救助訓練」という。震災で東京の消防も被災したことを前提に、地方からの援助隊が東京のどこに野営し、活動するかをシミュレートする訓練も必要だった。だが今回、自衛隊の装備や能力を見せつけるのに急なあまり、自治体消防などが総合的な連携をはかる訓練ができなかった。

銀座会場では、消防隊の人たちが訓練のやり方を批判するのを、ゼミの学生たちが直接聞いている。「こんなふうに道路を封鎖してしまえば、どこで車が渋滞するかが分からないし、あまり実践的じゃないよ」と。

毎年九月一日には、首都圏の七都県市総合防災訓練が実施されているが、今年は東京都が参加しなかった。都が実施した三日、他の自治体は参加していない。つまり、最も訓練を積んでおくべき首都圏の自治体の連携プレーが、今年はすっぽり抜け落ちてしまい、国家の機関たる自衛隊の統合運用だけが突出させられたわけである。石原氏は防衛庁長官ではないのだ。

# ドイツの防衛オンブズマン——二〇〇一年三月一二日

社民党の今川正美代議士の勉強会に講師として招かれた。衆議院第二議員会館に入るのは二度目だ。秘書の方が、六年前に同じ会館でやった私の講演に参加されていた。その時の講演は、阪神淡路大震災を契機に災害救助組織のあり方に関するもので、当時の社会党戦略問題研究会の依頼だった。実はこれには鮮烈な記憶がある。当時は広島大学に勤務していて、講演のため広島から東京に向かったが、羽田に飛行機が着く直前、地下鉄サリン事件が起こったのだ。都内は騒然となっていた。地下鉄を使わないで国会に向かった。

あれから六年。今回の依頼テーマは「ドイツの防衛オンブズマン」。私が一九九一年の在外研究（ベルリン）の際、現地から雑誌『ジュリスト』に防衛監察委員（Wehrbeauftragte）の報告書を紹介したことがある（拙著『現代軍事法制の研究』〈日本評論社〉所収）。今川氏の関係者がこれを読んで、依頼してきたものだ。依頼者の問題意識は、自衛官自殺事件である。

海上自衛隊第二護衛隊群（佐世保）所属の護衛艦「さわぎり」（DD157）艦内で、九九年一一月に相次いで自衛官が自殺した。これについては九カ月前の「直言」（「自衛官の自殺と防衛オンブズマン」二〇〇〇年六月一九日）に書いた。今川氏は自殺事件についての社民党調査団のメンバーの一人だった。調査で「さわぎり」に乗り込んだ際、艦内に「戦死」と書かれたダンボールがあり、驚いて写真を撮ったそうだ。件《くだん》の写真を見せてもらった。訓練の際、「戦死」役の隊員が首からぶら下げて、その場に倒れるときに使うものだった。そのダンボールが艦内に無造作に置かれており、誰かが、何らかのメッセージを伝えようとしたものかもしれない、と今川氏は言うのだが。

結局、この事件は、海上幕僚監部がありきたりの報告書を出しただけ。野党の調査団の活動にも限界があり、遺族の疑問は晴れないままに終わった。この体験から今川氏は、議会任命の防衛オンブズマンの制度があれば、さまざまなケースに対応できて有益と考えたという。その後、「いじめ」疑惑のかかった上官二人のうち、一人が自殺。もう一人の直属上官がそのあと交通事故で死亡した。相次ぐ自殺事件に、上官の自殺と事故死。何やら怪しげなムードだが、単なる偶然といってすまされない問題を含んでいる。

研究会で私は、ドイツの制度の成り立ちと仕組みについて説明するとともに、二〇〇〇年三月に出た「一九九九年度報告書」を使って、防衛監察委員の活動について具体的に話した。日本に導入できるかとの質問に対しては、その可能性は小さいと答えた。制度や権限のありようによっては、憲法上の論点も浮上する。不祥事続きの警察に導入する方が先だろうという議論もありうる。当面、そんな法律が国会を通る可能性はまずないだろう。ただ、「部隊の営庭にまで議会統制を及ぼす」という防衛監察委員のコンセプトは、自衛隊員の権利侵害の救済や待遇改善の問題などに役立つし、将来的には日本でも検討に値するように思われる。

なお、ドイツ連邦議会の防衛監察委員もボンからベルリンに引っ越すことになった。連邦議会がベルリンに移ったのは二年前の夏。連邦参議院は少し遅れて、去年夏に引っ越し、去年秋から連邦議会と参議院の両院がベルリンに揃った。そして、さらに時間を置いて、この四月一日を期して防衛監察委員のベルリン移転が完了する。例年三月中旬に出る年次報告書がもうすぐ私のところに郵送されてくる。今年は従来と同様に、ボン・バートゴーデスベルクのコブレンツ通り郵便局の消印だろうが、来年からはベルリン中央郵便局の消印になるだろう。なお、報告書はドイツ連邦議会のホームページでも入手可能である。

（追記――オンブズマンではなく、男女の別を問わない「オンブズパーソン」という方が適切だが、今回は一般に知られた用語を使った。）

## 精鋭自衛官三人はなぜ自殺したか――二〇〇二年七月二〇日

昨年（二〇〇一年）九月にゼミ合宿で長崎に行った際、基地班の学生たちは、佐世保の海上自衛隊地方総監部などを訪れた。そのことは昨年の「直言」（「雲仙普賢岳と強襲揚陸艦」二〇〇一年九月二四

「西部方面普通科連隊」を歓迎する垂れ幕を掲げた佐世保市内のアーケード（2001年９月）

日）で書いた。そこでは、相浦駐屯地にこの三月に新編された「西部方面普通科連隊」のことも触れた。ところで、全国初の「有事即応部隊」と言われるこの部隊で、五月と七月に隊員三人が相次いで自殺した。『産経新聞』は七月一五日に「陸自・特殊部隊で自殺相次ぐ」とホームページで一報を伝えた。『朝日新聞』は西部本社（福岡）発行が一社（第一社会面）で大きく取り上げたが、東京・大阪・名古屋各本社発行の紙面には掲載されなかったため、大半の方はご存じないと思う。

『朝日新聞』西部本社七月一六日付によると、五月一二日に一等陸曹（四八歳）が鹿児島県の自宅近くで、同二六日に三等陸曹（三三歳）が宮崎県内の自宅近くで、いずれも帰省中に首をつって自殺した。二人とも精強で知られるレンジャー資格をもっていた。さらに七月八日には、レンジャー資格を持たない三等陸曹（三一歳、『産経新聞』は三二歳）が駐屯地内の屋外訓練場で首をつって自殺した。

わずか六〇〇人の部隊で三人が連続して首吊り自殺をするというのは尋常ではない。陸上自衛隊西部方面総監部によると、「訓練が厳しすぎたとか、隊内でのいじめがあったという話はなく、原因は分からない」ということだ。陸上幕僚監部では、関係隊員の精神的なケアや部隊の現状把握、自殺の背景などを調べるため、「自殺事故アフターケアチーム」の派遣を決めた。社会民主党も七月二二日に、今川正美代議士を団長とする調査団を派遣する（『朝日新聞』西部本社七月一七日）。

隊内での自衛官の自殺をめぐっては、「自衛官の自殺と防衛オンブズマン」で一度書いたほか（二〇〇〇年六月一九日「直言」）、護衛艦「さわぎり」での自殺問題についても触れた（八四ページ参照）。私は今回の「西部方面普通科連隊」の連続自殺事件は、従来の「いじめ」による自殺のケースなどとは根本的に異なり、国の対外政策的転換と深く関連していると見ている。というのも、まず第一に自殺者がすべてベテランの陸曹クラスであったことに注目したい。

自衛隊の現場は、たたき上げの陸曹クラス（下士官）が支えているといっても過言ではない。家族持ちが多く、自衛隊という職場で定年まで淡々と仕事をこなす実務派である。防衛大卒の幹部自衛官は各地を頻繁に転属して歩くため、家族は引っ越しのダンボールも全部開けないで次に備えるほどだ。それに比べて、陸曹クラスの人のなかには、あえて三尉昇任試験を受けないで、部隊の近くに家を建てて、地域と密着した生活をする人もいる。私も北海道時代、そういう自衛官を知っていた。よき家庭人であり、よき隣人であった。そういう人たちは自衛隊の仕事について、「公務員ですので、生活のための職場として淡々と仕事をこなすだけです」と屈託がない。その仕事は、部外工事であり、災害派遣であり、雪中築城訓練（札幌雪まつりの雪像造り）である。家族思いの、真面目な人々であった。今回の自殺事件を聞いたとき、北海道時代に出会った人々の顔とだぶって、心が痛んだ。

入隊したばかりの若い隊員ではない。ベテランの下士官クラス。しかもレンジャー徽章をもつ、肉体的にも精神的にも鍛え抜かれた隊員が、家族を残して死を選んだ。特に四八歳の一等陸曹は、私とほぼ同じ年齢だ。『朝雲』（自衛隊の準機関紙）を毎週読んでいるが、昇任、昇格の時期になると人事一覧が出る。私の年齢で、最短のエリートはすでに陸将補（旧軍では少将）になっている。その三曹は四八歳になるまで、なぜ三尉昇任試験を受けなかったのか（あるいは受けても落ちたのか）は不明である。幹部にならなければ、自宅の近くの部隊に勤務できる。ところが、たまたまレンジャー資格を持っていたため、特殊な部隊の編成にあたり、単身赴任を余儀なくされてしまったのだろう。二人とも自宅の近くで自殺しているのが痛ましい。

私はこの問題は、周辺事態法やテロ特措法、そして今回の「有事法制」論議を通じて、自衛隊が「専守防衛」から、米軍支援のためアジア・太平洋地域に軸足を移しつつあることと無関係ではないと思う。すでに紹介したように、ドイツは「ブッシュの戦争」に直接戦闘部隊を送るなどして、連邦軍の一万人以上を海外に派遣している（四七ページ参照）。その結果、国防軍として組織され、生活も意識も国内を中心に考えてきた軍人たちのなかに深刻な「士気の動揺」が起きている。連邦議会軍事オンブズマン（防衛監察委員）のところには、家族と別れた長期にわたる海外勤務への不満や、待遇面や情報の不足への不満、将来への不安を訴える請願が数多く寄せられている。

「西部方面普通科連隊」という名称からはうかがい知ることはできないが、『産経新聞』の見出しが「陸自・特殊部隊」としているように、この部隊が、米軍の対テロ戦や予防戦略に日本が協力する際の実動部隊であり、具体的には、輸送艦「おおすみ」やヘリなどと一緒に運用する緊急展開部隊の一つであることに間違いないだろう。離島・島嶼《とうしょ》防衛を表向きの任務とするが、米軍が「悪の枢軸」諸国に対して先制攻撃を開始したとき、日本が海外に最初に出す「特殊部隊」となることはほぼ確実である。そうすると、レンジャー資格があるということで各地から集められた隊員たち、特に家族持ちの下士官クラスにとっては、これまでの自衛隊にはない海外緊急展開部隊の任務には戸惑いを隠せないはずだ。ドイツ連邦軍が陥っているジレンマと同じことが、いよいよ自衛隊にも起こりはじめた。その不幸なあらわれが、このベテラン陸曹連続自殺事件ではないだろうか。

一九五四年に保安隊から自衛隊への切り替えの時期、全国の部隊で一斉に宣誓を行ったところ、保安隊員のうちの七三〇〇人が宣誓書に署名しなかった。つまり自衛隊への移行を拒否した。群馬県新町の部隊では、八〇〇人の三士のうち一五〇人が宣誓を拒否した。家庭の事情や待遇不満から任期満了で辞めるつもりで宣誓拒否をした人もいたが、任期とは無関係に、軍隊化を嫌って宣誓を拒否した隊員もかなり含まれていたという。「今までの主任務だった国内秩序維持から、外敵防衛が主任務となった」ことへの反発である。

自衛官が行う宣誓書には、「私はわが国の平和と独立を守る自衛隊の使命を自覚し、……事に臨んでは危険を顧みず、身をもって責務の完遂に努め、もって国民の付託にこたえることを誓います」とある（拙著『武力なき平和』〈岩波書店〉一七三ページ以下参照）。「わが国」のためではなく、米軍が行う先制攻撃に参加して命を落とすことは、この宣誓書からは要求できないだろう。

いま問われているのは、根本的な議論もなしに、そして自衛官の納得なしに、自衛隊を使った「力の政策」の道に日本が歩みだしたことである。自衛隊法三条本則（自衛隊の任務）はそのままに、なし崩し的に周辺事態活動などを付け加えてきた。家族持ちの、分別あるベテラン自衛官がなぜ死を選んだか。単身赴任の精神的不安定さだけではないだろう。私も広島で単身赴任を五年したからわかるが、自分の存在と将来に不安をもつことほど精神衛生上よくないことはない。

いま、政府は米国に過度に気をつかいながら、自衛隊の国際政治的利用の道を歩んでいる。しわ寄せは派遣される現場の自衛官にくる。自殺した三人が、「有事」の際にどこよりも早く投入される自分の任務に、どのような考えを持っていたかはわからない。だが、自殺という究極の手段をとった以上、その不安と不満は相当な程度にまで達していたのではないか。そのあたりも含めて、しっかり調査してほしい。単なる中年男性の精神不安定やメンタル・ケアの問題に還元されてはならないだろう。

## 「ならず者」の低空飛行訓練とニッポン——一九九八年二月二〇日

イタリア北部のカバレーナで二月三日、米海兵隊EA6Bプラウラー戦術電子戦機がロープウエーのケーブルを切断。ゴンドラが墜落し、観光客など二〇名が死亡した。米軍は、レーダーに捕捉されずに侵入するため、三〇メートル以下の超低空を一一〇〇キロを超す速度で飛ぶ低空飛行訓練を世界各地で実施している（米軍マニュアルAFM51-40）。「ならず者国家」を攻撃するための訓練というわけである。だが、一体「ならず者」はどちらか。

さすがに、同盟国のNATO諸国では高度一五〇メートル、速度も八三〇キロが上限である。イギリスのように部分的に三〇メートルを許可する国もあるが、その場合も三カ所の戦術訓練空域に限定されている。カナダでの日常訓練は一五〇メートル。アラスカ州の訓練空域では、飛行ルート直下に人家がある場合、最低高度は六〇〇メートルに設定されている。ドイツでもイギリスでも、人口密集地上空などや、週末と平日の午後一一時から午前七時までの訓練は禁止だ（国会図書館立法考査局『調査と情報』二八三号〈一九九六年四月〉等参照）。

一方、日本では、米軍が各地に勝手に低空飛行訓練ルート（オレンジルートなど）を設定し、好き勝手に飛び回っている。とくに広島県君田村は、北朝鮮によく似た地形ということで、頻繁に米軍機が超低空で飛来する。ヨーロッパ諸国では低空訓練に関して、米軍は情報を公開しており、前述のように一定の規制に服している。あの広大なアラスカ州でさえ、人家があれば六〇〇メートルである。だが、この狭い日本では、数十メートルで飛ぶことも稀ではない。なぜ、日本ではこんなに好き勝手にできるのか。

航空法八一条は運輸省令で定める「最低安全高度」以下で飛行してはならないとする。具体的には、人口密集地域では三〇〇メートル以上、非密集地域では一五〇メートル以上である。粗暴な操縦の禁止（八五条）や巡航高度（八二条）も定められている。ところが、安保条約に基づく航空法特例法（一九五二年）三は上記を含む航空法六章（五七条〜九九条の二）の規定すべてを米軍には適用除外にしているのである。イタリアのような事故が日本で起きないという保証はない。外務省安保課は低空飛行について、米軍は安全対策を講じていると答えたそうだ。安保課はどっちを向いているのか。米国防総省訓練局苦情処理課日本出張所と改めたらどうか。

ブレジンスキー米元大統領補佐官は、軍事大国アメリカと経済大国日本の共同覇権のありようを「アメリッポン」と表現したという。普通は「ニホン」と発音する人も、オリンピックやサッカーになると、「がんばれ、ニッポン」と無邪気に絶叫する。日本でも大事故が起こる前に、低空飛行訓練は全廃すべきである。

# 「えひめ丸」原潜事故から見えるもの――二〇〇一年三月五日

「えひめ丸」原潜事故についての緊急直言（「傲慢と迎合の果てに」二〇〇一年二月一五日）を出した三日後に、急ぎ書き下ろした原稿である。重複する部分もあるが、「なだしお」事件（一九八八年七月、東京湾で海上自衛隊潜水艦「なだしお」が、大型釣り船と衝突し、釣り客ら三〇人が死亡した事件。九四年三月、東京高裁は「なだしお」に事故の主な原因があると判断した）との比較もあるので、『法と民主主義』二〇〇一年二・三月合併号の巻頭時評「誰のための安全保障か」より転載する。

「手スリにしっかり掴まってください」。案内の隊員が大声で叫ぶ。想像以上の急角度に、私も足を踏ん張って耐える。潜水艦のシミュレーター（潜航操縦訓練装置）での急速浮上体験の光景である。

三年前の夏、広島県の高校の先生方の研究会で講演した際、翌日の「見学ツアー」に誘われた。呉市とその周辺にある旧海軍や自衛隊の施設を見てまわる企画。そのなかに潜水艦教育訓練隊（潜訓隊）が含まれていた。「自衛隊は違憲」という講演を聴いた後だろうと何だろうと、自衛隊にとって高校教員は大事なお客様。司令じきじきの挨拶。副長の二佐が案内してくれる。大変な歓迎ぶりだ。

潜訓隊の建物の地下には、水上航行訓練装置がある。「世界中でここにしかない」というしろものだ。コンピュータを使い、三六〇度のスクリーンには漁船やタンカーの姿が。本物と同じ艦橋に教官と訓練生が立ち、操艦訓練をしていた。潜水艦は水中での活動が主だが、海上自衛隊では、民間船舶との衝突を避けるため、水上航行訓練を重視しており、他国の海軍には見られない装置、と隊員は胸をはる。「なだしお」事件の影響はさまざまなところに見られた。

この事件では、海上衝突予防法の衝突回避義務の所在が争点となった。海難審判庁は「なだしお」と第一富士丸の双方に同等の過失があるとしたが、東京高裁は一九九四年二月、この見解を退け、「なだしお」の不当な運航に主要な原因があると断定した。相手船を右手に見る側（「なだしお」）に衝突回避義務が生ずるが、艦長は速度を落とさず、第一富士丸の面前を通過しようとして事故を招いた、と高裁判決は認定したのだ（確定）。漁船（「民」）に対する「軍」の優越感が、強引な航行の背後にはある。

ところで、自衛隊以上に、米軍の傲慢でアグレッシヴな姿勢は際立っている。それは、沖縄に少しでも滞在すれば、たちどころに体感できる。今回の事故は、在沖米軍の数々の犯罪行為の延長線上にある。九五年の少女暴行事件の際、「金で女性を買えばよい」と言ってのけ、辞任に追い込まれた司令官（海軍提督）が、今回の「原潜ツアー」の仕掛け人というのも象徴的な話である。

「波が高いから」などとガラにもないやわなことを言って、溺者救助を命令しなかった米原潜艦長。

事件発生直後に、先回りして米軍弁護論を展開した日本外務省の政務官（別名、米国務省第五一出張所事務補佐代理、〈注〉参照）。事故の報告が入ってもゴルフをやめなかった男（私は憲法七〇条、内閣法九条を僭脱した内閣総辞職とこの男の首相就任を認めていない）。助けを求める高校生たちの声は、日米の「国家の論理」にかき消されてしまった。そして、渡米した家族もはっきりと認識した。「誰のための安全保障か」を。米軍も日米安保条約も、日本の市民を守ることを目的としてはいないのである。

ロサンゼルス級攻撃型原潜の「グリーンヴィル」（ＳＳＮ７７２）。九六年就役のこのシリーズでは新鋭艦である。ソ連原潜という最大のターゲットを失い、途上国への威嚇（巡航ミサイルを叩き込む）の道具と化している。その一方で、テーマ・パークの観光船さながら、「鯨ジャンプ」を売り物に、民間人の体験ツアーを続けてきた。リストラを回避するための過剰サービスである。今回、「えひめ丸」の位置を承知の上で、故意に近くに急浮上して、「見せ場」を作ろうとしたのではないか、との疑惑も指摘されている。だとすれば、「訓練の際の不慮の事故」という言い逃れは通用しない。

たとえて言えば、冷戦後にリストラ対象となった戦車部隊で、市民向けの体験ツアーを実施中、隊長が民間人に戦車を操縦させて暴走させ、一般道に飛び出し、通りかかったスクールバスを押しつぶしたケースに近い。隊長の責任は当然としても、戦車を使ったＰＲを日常的に行わせていた上層部の責任も重大である。

この事故は、アジア・太平洋地域の「死活的利益」を守るという日米間の国家的約束（「日米安保共同宣言」）の本質をあぶりだした。他国を武力で脅す「軍事力による平和」を追求し続ける限り、こうした「民」の犠牲はなくならない。私たちはもっと怒るべきだと思う。徹底した真相究明と責任の追及、被害者の救済と同時に、「原潜も軍隊もいらない」という声を強めていかねばならない。

（注）二月一三日（日本時間）、ホノルルで記者会見した桜田義孝外務政務官は、「船長が、潜水艦による捜索活動に不満を抱いていると聞いているが」という記者の質問に対して、「救助活動が適切に行われたと私自身認識している。これは落ち度がなかったと認識されている」と答えた。前段の質問にこの政務官は、「日米同盟関係が過去五〇年間友好に推移しており、今回は不幸な事故だが、この困難を乗り越えて日米関係を強固にしていくことで、アジア、さらには世界のために貢献すべきだ」と述べている。原潜事故が起きたわずか三日後、捜索活動への不満が出ており、責任問題、補償問題などがこれからという重要な場面でこの発言である。

## 空自戦闘機の誤射――二〇〇一年七月二日

凛とした朝の空気を感じながら、ガレージをあける。ふと森の方をみると、新雪のなかに茶色いものが見える。キタキツネだ。一瞬目が合った。午後、家の前のスロープを子どもたちがスキーで

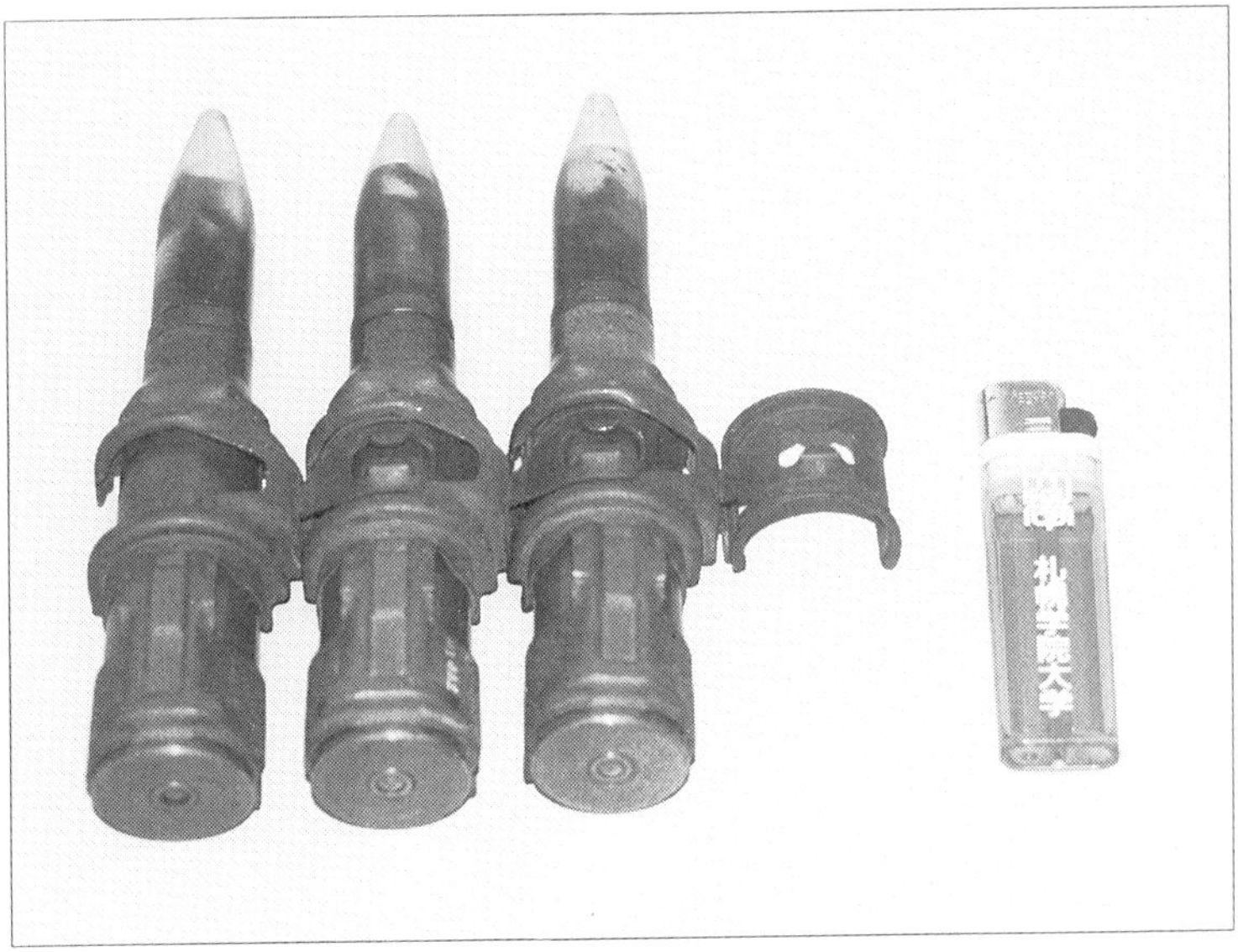
20ミリ機関砲弾

滑り降りるのを書斎の窓越しに見ながら、原稿を書く。夕食のテーブルには、森で採れたタラノ芽の天ぷらが並ぶ。カワセミ、アオサギ、エゾリスなどの小鳥や動物たちにも会える。「緑のなかに妖精（エルフ）が棲むまち」。エルフィイン・タウン、北海道北広島市（私が住民だった当時は札幌郡広島町）。

一七年前、三一歳のとき、ここに家を建てた。親切でやさしい隣人たち。当時一〇数軒だった松葉町五丁目に自治会を立ち上げ、役員もやった。近所の子どもたちを集め、公園でジンギスカンパーティーをやったことも。正月あけ、東京の実家から戻ると、門から玄関まできちんと除雪されている。凍結しないよう、隣の方が毎日、道を作ってくれていたのだ。その方は高校の地学教員を退職後、いつも庭で化石を磨いておられた。息子を化石採集や天体観測に誘ってくれたこともある。私たち家族にとって、北広島での六年間はかけがえのない財産、子どもたちには「思い出の故郷」である。

六月二六日各紙は、そんな北広島で起きた、とんでもない事件を一面トップで報じた。航空自衛隊第八三航空隊第三〇二飛行隊（那覇）所属のF4EJ（改）要撃戦闘機が、M61A1（二〇ミリバルカン砲）の訓練弾一八八発を誤射。北広島リハビリセンターなどに着弾したのだ。着弾地点は私が住んでいたところから、車で数分の距離だ。いま、私の研究室には一〇五ミリから五・五六ミリまで、一〇種類以上の銃砲弾（もちろん火薬抜き）が並んでいるが、二〇ミリ機関砲弾はずっしり重い。発射角度がほんのわずかずれただけで、住宅地を直撃した可能性もある。親しかった隣人たちの顔がよぎり、体が凍りついた。

テレビニュースに懐かしい北広島の映像が流れるたびに、家族は画面に見入る。北広島、恵庭《えにわ》、千歳、札幌の各市にまたがる自衛隊北海道大演習場（総面積九六〇〇ヘクタール）。そのうち、島松演習場は総面積三三六三ヘクタール。山菜採集が許可される時期に数回立ち入ったが、キャタピラで土が細かく粉砕され、砂ぼこりがたちやすく、雨が降ると泥沼と化す。近くの恵庭市柏木には、陸上自衛隊唯一の機甲師団・第七師団隷下の戦車連隊三個のうちの二個（第七二、第七三）と方面隊直轄の第一戦車群の駐屯地がある。二〇〇両以上の戦車が常駐するのは日本でここだけ。国道三六号線を右折（札幌方面から）してすぐのところにある。

周囲は住宅地で、戦車パーキングと塀一つ隔てて老人ホームもある。道央自動車道をまたぐ戦車道を通って、戦車が轟音をあげて直接演習場に進出する。私がいた頃は七四式戦車が主力だったから、一〇五ミリ砲の実弾砲撃訓練が中心だった。北千歳の特科（砲兵）部隊の重砲射撃訓練もあった。町広報には毎号、「実弾射撃演習日程」が載る（平日は午前七時から午後八時。日曜は午前一〇時から午後五時または八時まで）。ドドーン、という鈍い地響きが日常生活のなかにあった。厚い雲に覆われる日などは、書斎の窓がビリビリ震えるほどの衝撃があった。さらに、島松演習場には空対地射撃場がある。戦闘機が急降下してミサイルや機関砲を打ち込む訓練をする。その旋回空域が私の家の南西方面にあり、千歳の第二航空団のF15戦闘機が旋回・降下するのがよく見えた。爆音もけっこうなものだった。

今回、沖縄の部隊がここで訓練をやって事故を起こした。沖縄では米軍との関係で、対地攻撃訓練はできないからだ。事故機のF4EJ（改）は対地・対艦攻撃能力を向上させたもので、ASM1（空対艦ミサイル）も搭載可能。「要撃戦闘機」という名称は、もっぱら旧ソ連機の領空侵犯に対してスクランブルをかけていた時代のもので、今日、地上攻撃や艦艇攻撃の訓練を強化して、「支援戦闘機」（実態は戦闘攻撃機〈FA〉）として側面に重点が置かれつつある。ただ、F4EJは三〇年前の旧式。改修も二〇年前からだ。そんな中古修理の代物を使って、沖縄の航空部隊に対地・対艦攻撃をさせる意味は何か。一般的な訓練にすぎないと言うだろうが、私が北海道に住んでいた冷戦時代の「北方重視」と異なり、今日の作戦想定は明らかに「西南」方面にシフトしている。そんな事情も、事故の背後にあるのではないか。

なお、島松演習場に隣接する恵庭市牧場に、かつて野崎牧場があった。砲撃訓練や空対地射撃訓練の騒音や振動のため、牛の乳が出ないなどの被害が出た。当時、F86戦闘機は野崎牧場のサイロを目指して降下した。牧場主の野崎健美氏らは抗議行動を展開。一九六二年一二月、野崎さんと弟の美晴さんは抗議行動の一環として、射撃命令伝達用通信線をペンチで切断。その行為が自衛隊法一二一条（防衛用器物損壊罪）違反として起訴されたのだ。

四〇〇人を超える大弁護団、深瀬忠一・久田栄正など全国の憲法学者の支援のもと、この「恵庭事件」は、自衛隊の違憲性を問う、憲法裁判史上に残る事件となった。一九六七年三月、札幌地裁は自衛隊に対する憲法判断を回避。法律解釈によって野崎兄弟を無罪にした。国側は控訴せず、無罪判決が確定した。

私は一七年前、ゼミの学生たちを連れて、恵庭事件の現場を訪れ、野崎さんにインタビューしたことがある（拙著『ベルリン・ヒロシマ通り』〈中国新聞社〉に収録）。野崎さんは「原点からもの見る」ことを強調。射撃訓練の被害は人権問題であり、自分たちの人権がどう保障されているかを知るため、憲法制定過程の審議録まで読んで勉強したことを語ってくれた。

なお、この原稿を書くためにサーチをかけて初めて知ったのだが、野崎さんの「権利のための闘争」の知恵とパワーは、いま、「手作りハムの本物へのこだわり」（エーデルワイスファーム）として活かされている。さっそく、懐かしいドイツの味を求めて注文してみることにしよう。島松演習場の誤射事件は、私個人に思わぬ「美味しい再会」をもたらしてくれた。

# Ⅲ

# 曲がり角のドイツで考えたこと

## ——基本法と戦争と軍隊と

## ◆この章をお読みになる前に

一九九九年三月二三日（火）夕方、ドイツのケルン・ボン空港に家族と到着した。その数時間後、ＮＡＴＯ軍によるユーゴ「空爆」が始まった。

それからの三七四日間、ドイツのボンで生活しながら定点観測を続け、五五本の「ドイツからの直言」を書いた。戦後ドイツが初めて参加した戦闘行動について、リアルタイムで現地の反応を観察しながら、転換期のドイツとその安全保障について考えることができた。

「空爆」開始後、テレビも新聞も、コソボの「人権侵害」を生々しく報じた。政治家は「他に手段がなかった」と述べ、反戦平和運動の人々も、「今回だけは例外だ」と、「人権のための戦争」を肯定した。

だが、ＮＡＴＯ「空爆」は、コソボのアルバニア系住民に対する「人権侵害」を止めるための正当な手段だったのか。この「空爆」は、「人道的介入」と呼ばれる極限的な事態にあたるのか。当初は「空爆」を肯定していた人々の間からも、さまざまな疑問が生まれてきた。本章には、そうした張り詰めた雰囲気のなかで、「それでも『空爆』はすべきではなかった」という立場で書かれた「直言」を収録した。

本章ではまた、ジェンダーの問題、「人権は国境を超える」ということの意味と問題、徴兵制廃止の動きなど、転換期ドイツにおける特徴的な傾向も拾っている。「ベルリンの壁」崩壊から一〇年という時点でのドイツの転換。それは冷戦後の日本の状況を考える上でも参考になるだろう。

# 戦後初めて戦闘行動に参加したドイツ――一九九九年三月三一日

「ドイツからの直言」第一回をお送りする。二三日夜にボンに着いた。バート・ゴーデスベルクの住居は、とても静かで緑の多い場所にある。鳥がさえずり、中庭にはリスも来る。朝晩は涼しいが、昼間は半袖姿が見られるほどの暖かさだ。自宅前の通りは、先週まで桜が満開だったが、今はモクレンの花が咲く。周囲には大使館が多く、外出のたびに新しい大使館を発見して楽しい。近いところではキルギスタン、モロッコ、バーレーン、ウルグアイ、マルタなど。自宅から三〇〇メートル以内に一四カ国も見つけた。コンゴ大使館など、ベルリン移転を完了して空き家になっているところもある。

自宅から一番近いのがなんと、先月クルド人に襲撃されたイスラエル大使館。二桁の警官が二四時間態勢で周囲を厳重に警備している。ライン川まで直線で五〇〇メートルなのに、大使館横の道路が封鎖されているため、散歩の際には遠回りを強いられる。四日前から大使館前の道路の真ん中にも車止めが設置された。歩いて一五分ほどの日本大使館（もうすぐベルリンのヒロシマ通りにある旧大使館の場所に引っ越す）前には、グリーンピースの活動家が横断幕を張って抗議を続けている。

ボン滞在中の自宅近くにあったイスラエル大使館。1999年秋にベルリンに移転

全員が囚人服姿。東京のおもちゃ博会場で逮捕された活動家三名の即時釈放を求めているのだという。留置場のミニチュアを置いて、そこに囚人服姿の女性が入っている。家族のことを考え閑静な住宅街を選んだつもりだったが、実際に住んでみると、国際情勢の緊張度が敏感に反映する絶妙なロケーションだ。もっとも、ここで生活する家族には、不必要な「解説」はしないことにしているが。

とにもかくにも、最初の一週間が過ぎた。私が日本を離れたまさにその日に、日本海の「不審船」に対して、「海上における警備行動」（自衛隊法八二条）が初めて発令された。そんなぶっそうな見送りをされてドイツに着いてみたら、空港の大衆紙『ビルト』の真っ赤な自販機からは、「ヨーロッパの戦争」の大見出し。ドイツ連邦軍のトルネード戦闘機（電子戦仕様のＥＣＲ）が戦闘行動に初参加したのだ。

今日（三〇日）、ボン大学公法研究所を初めて訪れ、部屋の鍵などをもらい、Ｊ・イーゼンゼー教授に昼食を御馳走になった。助手のアクセル君も一緒。コソボ空爆問題も当然話題になった。これについては、次回以降詳しく書く予定だが、三月二五・二六日の世論調査（フォルザ世論調査研究所）によると、市民の六二％が連邦軍のＮＡＴＯ空爆参加を支持し（三一％が反対）、他方で、地上軍の派遣については六一％が反対しているという（賛成は二八％）。政府も、空爆には参加するが、犠牲を伴う地上軍派遣には消極的というのが目下の姿勢だ。軍事専門家は、セルビア軍がナチス・ドイツに対するパルチザン戦争の経験をもつことに注目する。

三〇日夜、「一〇時間の不安・平和部隊」というテレビドラマを観た。ボスニア平和実施部隊（ＩＦＯＲ）に参加したドイツ連邦軍兵士の苦悩を描いたもので、母親を殺された子どもの顔が、この日の『デイ・ヴェルト』紙一面に載ったアルバニア系住民の子どもの顔にそっくりだったのには驚いた。虚しさだけが残るドラマで、このタイミングで再放送したテレビ局の狙いは明らかだ。ちなみに、このチャンネルの次週の予告編は、Ｆ15戦闘機の派手な空中戦がうりの米映画「トップガン」。来週は別のチャンネルにしよう。

## 軍人への戦争参加拒否の呼びかけ――一九九九年四月六日

ベルリン自由大学のW・D・ナール教授からボンの自宅に「緊急アピール」が送られてきた。戦争に参加している軍人たちへの命令拒否を呼びかけるものだ。社会民主党や緑の党に近い人々が多いので、思いは複雑だろう。以下、翻訳して紹介する。

### ユーゴスラビア戦争に参加している連邦軍のすべての軍人へのアピール
――この戦争への参加を拒否しよう

私たちは、すべての軍人に対して、ユーゴ連邦に対する戦争に参加しないように呼びかける。空爆に直接参加したパイロット、マケドニアにいる部隊、そして戦争遂行のための兵站に関与している軍人、たとえば国防省で活動している軍人にも呼びかける。戦争協力の拒否は、基本法四条三項の良心的兵役拒否によって保障される。かかる拒否は軍人法二二条によっても保障される。同条は、人間の尊厳を侵害する命令、あるいは、服従すれば犯罪行為を構成するような命令は遂行してはならないと定めているからである。

ユーゴに対する戦争において重要なことは、これが、基本法二六条で禁止された、国際法違反の侵略戦争だということである。国際法違反は、ドイツ連邦共和国にも効力を有する国連憲章から明らかである。基本法二五条によれば、国際法の一般原則は連邦法の一部を構成する。現在の戦争は、国連憲章（二条四項）の武力行使禁止に違反する。安全保障理事会による授権（決議）は存在しなかった。安保理決議は、ロシアと中国の拒否権のために、いずれにせよ成立しなかったであろう。

空爆は、軍人であると民間人であるとを問わず、すべての人をこの戦争の犠牲者にする。NATOの侵略の第二局面は、とくにセルビア軍部隊に対する攻撃に向けられている。空爆によって、セルビアやモンテネグロ、コソボの人々が無差別に不安にさせられ、傷つけられ、あるいは殺されている。この空爆の陰で、コソボにおける殺戮や迫害がさらに行われ得るのである。NATOは、無差別にしかセルビア軍部隊を爆撃できず、アルバニアとセルビアの民間人をも巻き込むという追加的なリスクを伴うことは避けられない。

侵略戦争の目標は、人道的災禍を防止することだとされている。だが、人道的災禍はいまや、NATOによって、まさにその爆弾によってもたらされているのである。九九年三月二八日に、R・シャーピング連邦国防相は、コソボで始まっている民族殺戮について語った。平和運動と平和研究者は、戦争開始以前に、まさにこのことを警告していたのだ。成果をあげつつあった欧州安保協力機構（OSCO）の監視団は、紛争当事者間の緩衝器を形成し、かつ世論を創出してきたが、戦争によりその活動を中止せざるを得なくなった。

いま、戦争をただちにやめることが有効である。イタリアでは議会内に、戦争続行に対する明確な反対派が存在する。もしドイツの国会議員たちが必要な諸結果（戦争中止）を引き出すのに躊躇するなら、軍人が自ら決断し、かつその良心に従わなくてはならない。

この戦争への参加は、正当化され得ない。それゆえ、あなたの出動命令を拒否しよう。部隊から離れよう。この戦争に反対しよう。

傍観と爆撃の間に選択肢はない、というのは真実ではない。戦争を続行するかわりに、まったく新たに交渉がなされなければならない。交渉の努力は、ＮＡＴＯの任務ではない。国連とロシアが、バルカンのための建設的で持続的な紛争解決を追求できるようにしなくてはならない。バルカン紛争の解決は、戦争や殺人的暴力ではないものに見いだされなければならない。それは、ユーゴ国家あるいはコソボ解放軍ゲリラの側からでもなければ、ＮＡＴＯ諸国家の側からでもない。同時にバルカンのすべての諸国が、ＥＵによって経済的に、大量の支援がされなければならない。そのためには、いま爆撃に費やされている資金が緊急に必要なのである。

戦争協力を拒否した軍人が、抗命や逃亡、反乱を理由として、軍刑法による手続きにかけられることは十分あり得る。かかる場合、私たちは全力をあげて当事者を支援するし、刑法上の処罰を阻止する雰囲気を世論のなかにつくるために配慮するだろう。ただ、人間の尊厳についての私たちの理解では、何人も、その決断のための責任を自ら負うのである。

同時に、私たちは宣言する。ユーゴ軍やアルバニア系コソボ解放軍の戦争拒否者や逃亡者、とりわけ避難先としてドイツ連邦共和国にたどり着いた人々を援助するために、あらゆる可能性を用いるだろう。はっきりしていることは、積極的な軍人は潜在的な殺人者であり、かつ、殺人的戦争の犠牲者であるということである。逃亡者や戦争拒否者は、平和の使徒なのである。

【Aufruf an alle Soldaten der Bundeswehr, die am Jugoslawien Krieg beteiligt sind Verweigern Sie Ihre weitere Beteiligung an diesem Krieg!　vom 30.3.1999】

## 〝戦時下〟の基本法五〇周年――一九九九年五月一〇日

四月二四日、中部ドイツのカッセルに行った。ここの大学で、「脱軍事化への転轍（Weichenstellung）」というシンポジウムが開催されたからだ。緑の党の安全保障問題担当W・ナハトヴァイ連邦議会議員や平和研究者などが参加。非軍事的紛争解決の道や軍縮問題について長時間討論した。私も、周辺事態法や「海上警備行動」の問題についてペーパーを用意した。ＮＡＴＯ空爆と海上自衛隊の武力威嚇行為が三月二四日に始まったことを指摘し、「日独が『普通の国』への道に大きく踏み出した共通の『記念日』」と特徴づけると、ナハトヴァイ議員（彼は党指導部の戦争政策に公然と反対している）は共感を示してくれた。

カッセル大のP・ストゥルティンスキー博士がまとめた「平和のメモランダム99」には、連邦軍の「構造的侵略能力」を除去するなどの具体的提言が含まれており興味深かった。私が提言の具体的内容について質問すると、「それは政治が最終的に決めることで、平和研究は基本方向を示すことが大切だ」との答えだった。ただ、基本方向を示すにしては、かなり踏み込んだ提言（陸軍の旅団数を二六個から一三個に、空軍の戦闘航空団を一〇個から六個に削減するなど）もあり、この種の議論の難しさを感じた。

また、バーデン・ビュルテンベルクから参加した「平和のための5」という団体の代表は、軍事費を五％削減して、それを途上国の医療援助や復興にまわすさまざまなシミュレーションを展開した。もっとも、これらの提言に対しては、連邦軍の即時廃止を求めるグループから強い異論が出た。非暴力・非軍事の紛争解決に関わるＮＧＯの活動実践や提言も紹介され、コソボ紛争への「もう一つの道」について議論が広がりかけたところで終わった。どこの国の平和団体についても言えることだが、自分たちの活動をアピールすることに急なあまり、それぞれから学びあい、生産的な議論に発展させるという姿勢に欠けていた。

それと、基本法五〇周年との関連での議論を期待したが、これは「ないものねだり」に終わった。ボンに住んでいても、「ボン基本法五〇周年」に注目する人はあまりいない。テレビも、八日前後にドキュメンタリー番組が少し放送された程度。政府は、三日間連続の講演・シンポを開催したが、一般参加は許されなかった。自治体や市民グループによる企画が一七日にかけていくつかあるので参加するつもりだが、いずこでも「憲法」は人々の関心になりにくいようだ。

このところ、コソボ戦争への国民の支持は少しずつ低下しつつある。八日発表の世論調査では、NATO空爆支持が当初の六一％から五一％に低下し、反対が三〇％から四三％に増加。とくに旧東独地域では、空爆反対が六八％。地上軍介入に反対する人は九割に達する。政府は国民の多数が空爆を支持しているというが、世論は確実に変化している。基本法二六条の規範的要請である「平和国家性」(Friedensstaatlichkeit) が根本的に問われているいま、根本的な議論が期待される。この点で、四月二九日付『デイ・ツァイト』紙に掲載された哲学者J・ハーバーマスの論文「獣性と人道性――法とモラルの間の限界線上の戦争」が注目される。『ターゲスツァイトゥング』紙に載った批判論文とあわせて、次回に紹介しよう。

## 哲学者ハーバーマスとコソボ戦争――一九九九年五月二四日

戦争開始から二カ月。「人道的戦争」は、市民生活にも影響を与え始めた。その一例。ルフトハンザ・ドイツ航空経営評議会によると、フランクフルト空港が「かつてない混乱」のなかにある。軍用機（とくに空中給油機）の離発着により、民間機に「劇的な遅れ」が生じているのだ。労組は軍用機の飛行中止を要求。経営側も、軍用機の飛行が続けば、ルフトハンザは著しい困難に陥ると政府を批判した（AP,16.5)。空爆で民間人に死傷者が出るようになってからは、新聞の投書欄でも、戦争を疑問視する意見が増え始めた。記者会見で、NATO担当官は「これが戦争なのだ」と胸をはれず、説明は苦しそうだ。まさに「弁解戦争」である。

ところで、この戦争に関する注目すべき論説が、『デイ・ツァイト』紙四月二九日付に掲載された。哲学者J・ハーバーマスの論文「獣性と人道性――法とモラルの間の限界線上の戦争」。独特の文体のためだけでなく、戦争の複雑な側面を反映して、実に難解。この論文でハーバーマスは、リーガル・パシフィズム（法的平和主義）からもリアル・ポリティックス（現実政治）からも距離をとりつつ、NATO空爆の根拠づけを慎重に検証していく。その際、迫害された人間や民族を救うことをモラルだけで正当化する傾向を批判。「世界市民法」という概念を持ち出し、道徳的正当化の突出に対して、法の論理をぎりぎり貫こうと試みる。国際人道法が「世界市民法の下位の制度化」と位置づけられている点などは示唆的だ。その上で、国家権力による大量犯罪が起こり、他に手段がない場合、民主的隣人は、国際法的に正当化される「緊急救助」(Nothilfe) を急がなくてはならないとする。

一読してみて、国民国家の相対化や国際関係の分析など、示唆的な叙述も少なくない。しかし、「緊急救助」という概念が、厳密な定義なしに使われていることに、まず違和感を覚えた。結びの部分で、「NATOの自己授権が通常の状態になってはならない」と批判はするものの、国連決議なしの空爆を「今回だけは例外として認める」と言ったに等しいのではないか。国連改革の提言（安保理改革など）も、今回の論文では付け足し的印象が強い。本論文については、『ターゲスツァイトゥング』紙五月五日付が批判的コメントの載せたのが最初の反応。『デイ・ツァイト』紙二〇日付掲載の九本の読者投稿も、「大量虐殺へのノーから直接に軍事的緊急救助を導く」論理の飛躍を衝く意見や、「一国の破壊を通じた世界市民への道」の非現実性を指摘する意見など、「何と美しい夢想！」という大見出しが示すように、批判的トーンの方が強い。

一二日付同紙に掲載されたR・メアケル（法哲学・刑法）の論文は、NATO空爆を「緊急救助」概念で正当化することを厳しく退ける。「緊急救助」とは、現在の違法な侵害から「他人」を免れさせるための必要な防衛を意味し（正当防衛の場合は、「自己」と「他人」）、これは無関係な第三者の侵害を禁止している。無辜《むこ》の市民（第三者）を犠牲にすることは、この概念では説明できない。メアケルによれば、NATOが行っていることは、脅迫手段たる暴力が、無関係な第三者に向けられる「脅迫戦争」（Nötigungskrieg）である。この戦争は、国際法上はじめから違法であり、かつ正当性がなく、倫理的正当化もできないと断定する。メアケルの主張に共感を覚える。

なお、ハーバーマス論文を読んで、かつて坂本義和『相対化の時代』（岩波新書）がボスニア問題を念頭に置きつつ、「国際的強制力の局地的・限定的行使」の承認に踏み込んだときと同様の問題を感じた（拙著『武力なき平和』〈岩波書店〉参照）。将来の「世界市民社会」に向けた展望を理論的に明らかにする課題と、現に存在する制度や規範のなかにその可能性や兆候を発見し、発展させる課題、さらに、現に起きている虐殺や追放への具体的対応の課題を有機的に結びつけることの難しさである。現実のアメリカやNATOの軍事戦略を踏まえれば、これに「世界の警察」という「公的」役割を認めることはできない。

## NATOユーゴ空爆中止——一九九九年六月二一日

飯沢匡氏（故人）の『武器としての笑い』（岩波新書）は、私が好きな本の一つだ。笑いをこよなく愛し、笑いを大切にした人だからこそ、「笑いの力」を十分に心得ていた。彼が注目したのは、権力者が言論を抑圧してくるとき、どこでも民衆の間にジョークという形の密やかな抵抗が広まることだ。ナチス時代でも、スターリン主義の体制下でも、その他の独裁国家でも、よく似たパターンのジョークが流布した。

〔例一〕ピノチェット・チリ大統領（当時）が映画館にお忍びで出かけ、自分のニュース映画がどう見られているかを確かめにいく。彼の映像が出てくると、観客は総立ち。拍手と歓声をあげる。ピノチェットが「よしよし」と満足げに帰ろうとすると、突然、一人の男に小突かれた。「オイッ、拍手しろ。さもないと逮捕されるぞ」。

〔例二〕八〇年代初頭のこと。モスクワの赤の広場で、「ブレジネフ書記長は愚か者だ」と叫んだ男が逮捕された。国家元首侮辱罪ではなく、国家機密漏示罪で。

〔例三〕七〇年代のポーランドの話。ギエレク第一書記（当時）がモスクワで背広を仕立てた。裾も丈もぴったり。ご満悦でワルシャワに戻り、民衆の前に立つが、どうも丈が短くなった気がする。「おかしいな、こんなに早く縮むわけないのに」と言うと、妻が、「あら、あなた。モスクワでは、ずっとひざまずいていたでしょ」。

民衆が権力者を笑い飛ばす、きつい一発の数々。だが、空爆下のユーゴから届いた「ブラック・ジョーク」は笑えない（taz vom 1. 6）。

〔例一〕日本人とドイツ人がセルビア人を慰めていた。「広島と長崎の爆撃のあと、私たちは奇跡的に立ち上がり、繁栄した国になりました」と日本人が言うと、「マーシャル・プランのおかげで、ドイツは第二次大戦の廃墟から抜け出し、経済大国になりました」とドイツ人が続ける。セルビア人が答えた。「ただ問題は、私たちが勝利するだろうということです」。

〔例二〕小学校の先生が生徒に尋ねた。「ツェツェル鉄橋の上を流れる川を何というでしょうか」。生徒「ドナウ川です」。

〔例三〕地理の時間に先生が質問した。「ベオグラードからノヴィ・サートへの最短の行き方を述べなさい」。生徒「まずモンテネグロのバール港まで陸路を行き、船でイタリアのバリ港へ。そこからアヴィアノのＮＡＴＯ軍の基地まで行けば、そこからどこへでも三〇分でひとっ飛び」。

空爆で三四の橋と一一の鉄橋が落とされたことを知れば、例二と三は理解できよう。

ＮＡＴＯの空爆停止宣言で、戦争は一応終わった。西側の見積もりで五〇〇〇人（ユーゴ政府発表で、軍人四六二人、警察官一一四人、民間人二〇〇〇人）が死んだ。数百人のコソボ難民と三人の中国人も死んだ。ＮＡＴＯ側では、二人の米軍パイロット（演習中の事故）と一人のドイツ軍人（橋から戦車が転落）が死んだ。そして、八六万人以上が空爆開始後に難民となった（ＵＮＨＣＲ発表）。ユーゴ軍の一〇二機の戦闘機、四二七門の榴弾砲、二六九両の装甲車、一五一両の戦車、二八三両の軍用車輌、一六の司令施設、二九の弾薬貯蔵所、石油貯蔵施設の五七％が破壊された（FR vom 12. 6）。

「正義の戦争」を肯定する哲学者Ａ・マルガリートも、国連決議なしの空爆や民間人の死者が出たことから、「戦争における正義」はここでは達成されなかったとする（Die Zeit vom 10. 6）。

ＥＵ議会選挙の前日、「正義」を強制する「コソボ平和部隊」（ＫＦＯＲ）の展開が始まった。その直後、ドイツ兵とセルビア人との銃撃戦で死者が出た。報復を恐れて、今度はセルビア系住民の脱出が始まった（国際赤十字発表）。ＮＡＴＯが援助したＵＣＫ（コソボ解放軍）によるセルビア系住民へのテロも報告されている。「誰がコソボのセルビア人を守るのか」（Die Welt vom 15. 6）。ウルトラ保守系紙にも、危惧する記事が載る。

アルバニア系住民の「人権」を守る名目で空爆を行ったＮＡＴＯが、少数派のセルビア系の「人権」を守るために武力を行使するのか。軍事介入のディレンマである。加えて、ドイツをはじめヨーロッパ諸国（日本も）に課せられてくる、「長い戦後」（Der lange Nachkrieg, Die Welt vom 11. 6）の負担を考えれば、この戦争に「勝利」した者はいない。例一の「ジョーク」の暗さ（ブラック）は限りない。

## 軍事演習場の「森のデモ」——一九九九年一一月一日

一〇月三日「ドイツ統一」九周年の日、ザクセン・アンハルト州コルビッツ・レッツリンゲン原野へ行った。九三年から毎月第一日曜日に行われている「平和の道」（Friedensweg）という森のデモに参加するためだ。ここの問題は、「直言」でも書き（「旧東独の軍事演習場問題が『解決』へ」一九九七年四月一四日）、『琉球新報』で二回紹介したことがある（九三年と九七年の五月三日付拙稿）。

主催者がメールで指定したレストラン（Zum Waldfrieden）に着く。食事をごちそうになりながら、七五回目の集会について話を聞く。中心メンバー八人の仕事はさまざま、政治的スタンスもさまざまだ。やがて一〇〇人ほどの住民が集まり、森に向かう。キスしながら歩くカップル、ベレー帽の紳士、赤ちゃんを抱っこした父親等々。バグパイプを吹く芸人が先頭に立ち、まるでピクニック気分だ。

六万ヘクタールの広大な原野は、中欧でも有数の未開拓原野で、周辺六〇万住民に飲料水を供給する水源涵養林でもある。原野の軍事利用の歴史は長い。一八九〇年、軍需産業クルップ社の射撃場となり、一九三四年からはナチス・ドイツ軍の演習場となった。四五年四月中旬、森に隠れたドイツ兵をいぶし出すため、米軍が原野に放火した。次いでイギリス軍が来た。七月にソ連軍が占領。その後、ソ連軍演習場として半世紀近く使用される。

冷戦終結でソ連軍撤退が決まると、九一年一〇月、州議会は原野の民間利用促進と自然公園への転換を決議した。だが、連邦政府は地元の返還要求を無視。連邦軍の部隊演習場として、軍事利用継続の方針を打ち出し、連邦議会も同意した。ドイツ最大の軍事演習場。「世界で最も現代的な戦闘訓練センター」(ハンデル中佐)を目指し、一四日間交替、年間四七週間の部隊訓練が行われている。

これに対し、州議会だけでなく、保守系が多数を占める四つの郡議会や、一〇〇以上の市町村議会も、「民間利用」を求める決議をあげた。「開かれた原野」という住民運動も生まれ、自然保護団体とともに、演習場を自然公園に転換する対案を提起している。「後の世代に、原野をよりよい状態で引き継ごう」「戦車の代わりにキノコを」「射爆場の代わりに職場を」。住民運動のチラシにある言葉だ。この州の失業率は二〇・三%。この数字は全国平均の二倍。連邦政府は演習場の経済効果を説くが、日本のような基地交付金で釣る方式がとれない分、政府には不利だ。逆に、自治体・住民の側は、原野の民間利用の経済効果を積極的に打ち出し、連邦軍を「経済的障害」と規定する。今年提起された『経済効果・自然公園』という住民側の構想は、研究者や専門家も多数参加。「持続可能な経済・就業計画は、軍隊なしでも可能」ということを具体的に示している。

ドイツ最大の軍事演習場で毎月一回行われているデモ「平和の道」（1999年10月）

まず、原生林のある中心部五〇〇〇ヘクタールを自然保護区域に指定。農業・林業・観光を禁止する。周囲に保養地ゾーンを設け、自然にやさしい農業・林業を発展させ、観光についても、環境と社会にやさしい「エコ・ツーリズム」を奨励する。開発ゾーンでは、観光道路や建物の建設が許されるが、環境との調和が要求される。地球環境を視野に入れたグローバルな地域振興策だ。

森の集会では、芸人がギターを片手に、ユーモアたっぷりの演技をすると、集会を監視していた演習場管理部広報将校のH・バルドゥス大尉と部下も、笑いながら拍手していた。「これは合法的な集会です。演習場は安全ではないので、小さな子どもたちに危険が及ばないよう、見守っているのです」と大尉。私も挨拶をさせられた。狭い土地に米軍基地が集中している沖縄について紹介した。ここに長年住む老婆が、原野でとれるキノコとそれを使った料理の話をして、集会は終わった。美しい自然のなかの、声高にスローガンを叫ぶこともない、しかし静かな決意の感じられる、自然体の「森のデモ」だった。

## 「壁」がなくなって一〇年——一九九九年一一月八日

ベルリンには中央駅（Hauptbahnhof）が二つある。西の動物園駅と、東の中央駅。その間、特急（ICE）でも一四分かかる。この夏日本から来た友人は、旅行社が用意したチケットに東駅の到着時間しかなかったため、慌てて動物園駅で下車したそうだ。

一一月九日で「ベルリンの壁」崩壊から一〇年。このところ、テレビや新聞・雑誌では、このテーマの特集が目立つ。ネタ切れの感もあるが、意外な事実の発掘もある。「東欧はアレクサンダー広場から始まる」という地味なレポートが印象に残った（taz vom 13. 9）。九一年に私はアレクサンダー広場前の高層住宅に住み、統一直後の激動する社会と法状況を「定点観測」したことがあるので興味深く読んだ。レポートは、二つの駅の描写から始まる。東駅六番線にポーランドからの特急列車が停車し、ポーランド人が降りる。ほとんど無人の列車が動物園駅に向かう。一方、ケルンやボン

右は崩壊前の「ベルリンの壁」とブランデンブルク門（1988年５月、西側から撮影）、左は崩壊後（91年８月、旧東ドイツ側から撮影）

方面からの特急列車が東駅一番線に着くが、降りたのは一〇人足らず。乗客の平均七五%が動物園駅で降りてしまうためだ。ポーランド人にとって、西駅までの一五マルクがおしいというより、昔からの知り合いの家に泊まる人が多いからだ。東駅は「ポーランド的ベルリン」とされる。一方、西駅で降りるドイツ人はライン・ルール地方から来た人々だ。東に用事のある人は少ない。観光客の大半もここで降りる。「壁崩壊後一〇年、ベルリンはなお分割された都市のままだ」。

フォルザ世論調査研究所によれば、旧西ドイツの人々(一六歳から四九歳まで)の四三%が、今まで一度も新しい五州(旧東ドイツ)に行ったことがない(Die Welt vom 30. 9)。「我々ドイツ人は世界一の旅行好きだ。モルジブ、フィジー諸島、灼熱のサハラ砂漠、極寒のアラスカであろうと、ドイツ人はすべてを見てきたし、我々に秘境は皆無だ。だが、周り尽くした地球上にただ一つ、西ドイツ人がまだ立ち入らない秘境がある。

それが東ドイツだ。彼らにとって、マクデブルク（先月私が行ったザクセン・アンハルト州の州都）はスペインのマヨルカ島より遠い」。東の人で一度以上西を訪れたことのある人は九〇％を超え、しばしば訪れる人は六一％に達するのに、その逆は一九％にすぎない。西の人の半数近く、東の人の一割が、壁崩壊後の一〇年に一度も旧東西ドイツ国境を超えていないことになる。

「見えない壁は依然として存在する」という月並みな表現も可能だが、東に行かない西ドイツ人にインタビューした記事を読むと、「ただ関心がないだけ」という人が多い（Welt am Sonntag vom 26. 9）。休暇には、きれいで楽しいところへ旅行する。一〇年間、東ドイツが自分たちの旅行計画に入らなかっただけというわけだ。一般庶民にとっては、「壁」があろうとなかろうと、日常生活に変わりはないという。「壁崩壊一〇年」と騒ぐのは、マスコミとインテリだけという醒めた見方もある。東からは「昔の方がよかった」というオスタルジー（東〈Ost〉のノスタルジー）が語られ、西からは、東の復興に金がかかりすぎるから止めるべきという批判が聞かれる。両方から「壁をもう一度」という冗談ともつかぬことが言われることがある。

私自身、東部に何度も出かけたが、九一年滞在時と比べるとはるかに落ち着いてきた（もちろん州や都市により程度は異なるが）。偶然泊まったハルツ山系の小さな町のホテルは、驚くほどきれいで、対応も親切で、快適だった。コルビッツ原野で出会った人々も、心やさしい、ポジティヴに生きる人々だった（一一九ページ参照）。

いま書斎の窓から、学校帰りの小学生が見える。彼らは「壁」崩壊後に生まれた世代だ。「壁」がなくなって一〇年。日本の旅行者はもっと東ドイツを訪問したらいいと思う。整備され尽くされていない分、「古きよきドイツ」が残っている。

〔追記〕一九六一年八月一三日、東西ベルリンが封鎖され、「ベルリンの壁」が建設された。二〇〇三年八月一三日のドイツの新聞『デイ・ヴェルト』は、そこで殺された人々をずっと調査してきた結果、数字が初めて一〇〇〇人を超えたと報じた。冷戦の犠牲者である。東西分断から一九八九年一一月九日の壁崩壊までの、壁と国境地帯での死者数は通算、一〇〇八人だそうだ。一九六一年八月一三日の壁建設後だけだと、六四五人。ベルリンの壁の犠牲者六四五人といっても、壁のところで殺された人だけでなく、国境地帯での地雷等の死亡も含まれる。ただ、逃げるためにフェンスに触れるだけで自動的に殺害するSM70という装置が、旧東ドイツによって国境に設置されていたため、その無差別性が統一後問われた。

なお、冷戦によるドイツの犠牲者は、今回の数字で初めてわかったのだが、子どもが四〇人以上、女性が六〇人以上で、一〇〇八人の最低年齢は一歳、最高年齢は八六歳。四二年前にできた「ベルリンの壁」に象徴される東西ドイツ分断の犠牲者を正確につきとめていく仕事は、原爆死没者名簿が毎年更新されていくのに似ている。ついに一〇〇〇人を超えたという見出しからもわかるように、ドイツ人にとっては壁を越えようとして射殺されるということの不条理を問いつづけているわけである。家族にとっては、いずれもが納得できない死である。（二〇〇三年八月一三日記）

## ウェストファリア講和条約と現代――二〇〇〇年二月一四日

ノルトライン・ヴェストファーレン州北西部の都市ミュンスターへ行った。ここに州憲法裁判所が置かれている。昨年七月六日、この裁判所が州選挙法の五％条項（得票率五％未満の政党を議席配分から排除する）を違憲・無効とする判決を出した。夏休み中の州議会議員はデュッセルドルフに戻り、急いで選挙法改正を行い、九月の州地方選挙に間に合わせた。この時、「ミュンスターの判断はいかに?」という形で注目された。

ミュンスターは、三〇年戦争（一六一八～一六四八年）の終結を確定したウェストファリア講和条約調印の地としても知られる。三〇年戦争は、旧教と新教の宗教戦争がきっかけだったが、列国の領土争奪戦に発展。ドイツ全土が戦場となり、当時一六〇〇万人のドイツ人口が六〇〇万人にまで減った。今も各地の廃城などにその傷痕が残っている。

市庁舎内にある「平和の間」（Friedenssaal）に入る。中教室ほどのこじんまりとした部屋だ。天井も周囲の壁も木製の彫物が美しく、重厚な雰囲気だ。スウェーデン国王やスペイン国王など会議参加者三七人の肖像画が掲げられている。一六四八年一〇月二四日（土曜）。夜九時頃に条約が調印

ミュンスター市庁舎内にある「平和の間」(1999年11月)

されると、教会の鐘が一斉に鳴らされ、翌日のミサでは、市長が条約の内容を市民に示し、市民は歓呼で応えたという。講和交渉が行われた近隣のオスナブリュック市でも同様のことが行われた。それだけ人々は平和を求めていたのだ。記念に作られた平和メダルには、ラテン語でPax Optima Rerum(平和はすべてのなかで最高のもの)とある。

この条約は国際紛争解決の最初のモデルとされ、これで宗教戦争に終止符が打たれた。同時に、国家が暴力を独占し、外交権を含む国家主権をもつ独立した存在として承認された。ここに「国民国家」(nation state)の時代が始まる。

しかし、惨憺たる犠牲の上に築かれた「一六四八年体制」も、新たな戦争を防ぐことはできず、主権国家間の戦争という形を定着させていく。毒ガスや戦車、飛行機という最新兵器が登場した第一次大戦の犠牲の上に、戦争の違法化をうたう「不戦条約」が締結されるのは、その二八〇年後だった。さらに巨大な犠牲を要求した第二次大戦の結果を受けて国連憲章が生まれ、戦争の違法化がいっそう進む。国連憲章が想定しなかった核兵器による犠牲の上に制定された日本国憲法九条は、主権国家が自ら戦争を放棄し、戦力不保持をうたう画期的なものだった。ウェストファリア講和条約の約三〇〇年後のことだ。そして、一九九八年に三五〇周年がミュンスターで祝われたちょうど五カ月後に、NATOの「人権のための爆弾」がユーゴに降り注いだのである。

次に注目される現象は、独裁者が人権侵害を理由に外国で裁かれる事例が生まれていること。ピノチェット元チリ大統領から、最近セネガルで始まったチャド前大統領の裁判まで。これも国民国家の時代の論理では考えられなかったことだ。さらにまた、オーストリアに右翼ポピュリズムの自由党が参加する連立政権が生まれると、EU諸国は一斉にこれを非難。とくにシラク仏大統領は、「ハイダー党首の自由党は、EUの精神の基礎にある人道的価値と人間の尊厳とは正反対のイデオロギーを持っている」と述べ、オーストリアの孤立化を各国に呼びかけた。大使を召還したイスラエル。フランスやポルトガルなどの対応も厳しいが、「ドイツは狂信(Fanatismus)のない政治を求める」(FAZ vom 5. 2)と比較的冷静だ。世論調査でも、制裁には賛成一一%、反対七九%という結果だった(Die Welt vom 5. 2)。

ともあれ、今や国内の「民主的決定」にまで他国が「介入」する時代になった。「国民国家と人権」、

「民主主義と人権」のありようが鋭く問われる時代になったことは確かだろう。なお、アンサンブル・ヴェーザー＝ルネサンスの演奏「ウェストファリア条約のための音楽」というCDがある。三〇年戦争時のドイツの声楽曲を集めたもので、副題は「平和への嘆息と歓喜の叫び」。三五〇年も前の曲だが、コソボやチェチェンやモルッカ諸島の人々の叫びのようにも聞こえる。

## 〝連邦軍創設の父〟に会う――二〇〇〇年二月七日

ボン大学のJ・イーゼンゼー教授が、私の研究テーマに関連するさまざまな人物を紹介してくれている。連邦軍元総監D・ヴェラースホーフ海軍提督のことはすでに「直言」で書いた（「連邦軍元総監の安全保障論」一九九九年一一月二二日）。今回は連邦軍「創設の父」で、連邦軍初代総監のU・デ・メジェール退役陸軍大将である。

一月二七日午後。指定されたホテルのロビーで待っていると、正面玄関に向かって一台のランドクルーザーが近づいてきた。駐車場の方に曲がると思って眺めていると、まっすぐこちらに向かってくる。「エッ？・」と思うよりも先に、ドカーンという大音響。ガラスの自動ドアが吹き飛び、車から白煙が出ている。まるでアクション映画のワン・シーンを見ているようだった。そこへ教授と大

デ・メジェール退役陸軍大将と著者（2000年1月）

将が会合を終えてロビーに降りてきて、喧騒のなかで教授が私を紹介。大将と私はホテルのカフェに入った。一九一二年生まれの八八歳。旧東独最後の首相のR・デ・メジェールは甥にあたる。第二次大戦終結時、国防軍最高司令部の中佐参謀だった。

戦後四年間は書店（楽譜）を営んでいたが、一九五〇年にアデナウアー首相（当時）がドイツ再軍備にとりかかるや、ブランク機関（国防省の前身）に招請され、連邦軍創設に関わる（発足時、陸軍大佐）。G・バウディッシン（後に中将）らの改革派とともに、「内面指導」（Innere Führung）の分野で力を尽くす（拙著『現代軍事法制の研究』〈日本評論社〉参照）。

「内面指導」とは、連邦軍設立の理念である「制服を着た国（市）民」の具体化。「民主的法治国家の軍隊」は、議会によって統制されるだけではなく、その内部組織のありようも、旧国防軍とは異なり、「軍人は、他の国民と同様の権利を有する」（軍人法六条）とされ、盲目的服従ではなく、「共同思考的」（mitdenkend）軍人が理想とされる。単なる上意下達ではなく、各現場に広い裁量を与えることが大切だとし、「秩序」と「自由」の緊張関係のなかで、あえて自由に優先を置いたと大将は言う。ただ、連邦軍兵士の一部に極右（ネオナチ）的傾向が生まれている問題を指摘すると、大将は「内面指導は常に課題であり続ける」と答えた。

次に、欧州裁判所の判決以来、兵役義務を廃止し、連邦軍を志願兵制軍隊にするという意見があるがと聞くと、彼は、兵役義務制は民主的軍隊の証であると述べ、さまざまな面から兵役義務制のメリットを強調した。兵役義務制軍隊の方が「知的」であると述べたときは聞き直した。職業軍人だけだと、軍隊の質は労働市場に依存する。景気がよいときは民間にいい人材が流れる。兵役義務制だと社会の平均的な人材をとることができ、インテリも軍隊に入ってくるというわけだ。これは意外な論点だった。

また、兵役義務をなくすと、兵役拒否者の代役＝民間役務（Zivildienst＝ＺＩＶＩという）で成り立っている病院や福祉施設がつぶれるという。私はＺＩＶＩを兵役の「代わり」ではなく、高齢化社会の「福祉戦争」の「本務」として位置づけるべきだとの持論を述べたが、この点では平行線だった。創設以来初めて主権国家に対する空爆を行ったコソボ戦争について聞くと、やや苦しそうな顔をして、「心情の苦境」（Gesinnungsnot）と表現した。この派兵は、国際法的にも憲法的にも説明がつかないと述べ、「創設の父」としての苦渋をにじませた。

予定の一時間を三〇分もオーバーした大将の話は、民主的・法治国家的軍隊のあり方の問題については共感する点が多かった。大将の家は私のところから二キロと離れていない。私の車で家まで送ると言うと、「お心遣いありがとう。自分の車で来ています」という八八歳の大将は、鮮やかなハンドルさばきでベー・ノイン（B9＝連邦道九号）に消えた。正面玄関では、クレーン車がランドクルーザーを引き出していた。事故原因は、ホテル内の狭い道を減速せずに走行した若いドライバーの運転ミスだという。

## 徴兵制がなくなる日――二〇〇二年四月二二日

先週一六日に有事関連三法案が閣議決定された。すでに「直言」で何度か触れたし（四三・五〇ページ参照）、『信濃毎日新聞』一七日付や『朝日新聞』一八日付「私の有事法制論」、『世界』（岩波書店）六月号でも論じた。今回は、日本より一足先に「普通の国」となったドイツのジレンマ（四六ページ参照）、そのパート2として、徴兵制をめぐる状況について紹介する。

旧西ドイツは、一九五六年に徴兵制を導入した。「一般兵役義務は民主主義の子である」ということで、与野党一致の決断だった。その点で、政府も「徴兵制は憲法違反」という立場をとってきた日本とはかなり異なる。

近代立憲主義の流れをたどれば、徴兵制ないし一般兵役義務制は、民主主義と親和的に説明されてきた。国防は主権者たる国民が平等に担うという理解だ。現在、徴兵制を採用する国々は少なくない。ＮＡＴＯ加盟国について見ると、九六年段階で一六カ国中一〇カ国で徴兵制が採用されていた。ただ、その後「徴兵制から志願兵制へ」の傾向が顕著になる。アメリカはすでに七三年末に徴兵制を廃止しているが、冷戦後の九五年から九六年にかけて、ベルギー、オランダ、フランスがこれを廃止した。翌九七年にスペインが続く。イタリアは二〇〇五年に、ポルトガルでも志願兵制への転換が計画されている。そうしたなかで、ドイツは数少ない徴兵制維持国だが、ここへきて徴兵制廃止をめぐる議論が活発化している。

原因はいろいろある。少子化の進行による一八歳人口の減少によって、「平等な負担」が貫徹できなくなったことも原因の一つだ。二〇一〇年末までに、一八歳人口の二三％しか召集されない計算になる。一般兵役義務制は、同年齢の男性が平等にこの義務を果たすことが建前である。これを「防衛公平」（Wehrgerechtigkeit）という。自己の良心から兵役を拒否した者は、民間役務（代替役務）という福祉施設や救急車の運転手などの仕事に就く。若干期間は長いが、これに就くことで兵役を果たしたものとみなされる。一九七〇年には一八歳人口の四〇％が兵役に、二五％が民間役務に就き、三五％は何にも就かなかった。兵役に就く若者の割合は年々減少を続け、現在二〇％台の前半にまで落ち込んでいる。平等な負担が貫徹できず、二割強しかその義務を果たさないというのでは、もはや「一般」兵役義務制とは言えないというわけだ。

二年前、ヴァイツゼッカー元大統領を長とする防衛改革委員会は、三万人の基本兵役者を確保する「選択的徴兵制」を提言した。金額的に今より高い報酬が約束された、限りなく志願兵制に近い構想である。現在、連邦議会の五会派中三会派が徴兵制廃止の立場に立っている。与党の社民党（SPD）内でも、複数の州議長が三月に兵役義務の廃止を公然と主張した。最大野党のキリスト教民主同盟（CDU）内には、基本兵役を現在の九カ月から六カ月に短縮してこれを維持する提案も出ている（憲法学者で元国防相のR・ショルツら）。

そうしたなか、四月一〇日、連邦憲法裁判所（以下、憲法裁という）が兵役義務制を合憲とする決定を下した。現在三三歳になる一人の兵役拒否者の事件である。旧東独のブランデンブルク州に住むこの男性は、旧東独時代に兵役を拒否し、代替役務相当の「建設部隊」における勤務をも拒否した。さらに統一後、ドイツ連邦軍に召集されたが、良心的兵役拒否の手続をとり、これが認められると、今度は民間役務（代替役務）に就くことも拒否した。福祉現場で働いても、それは兵役義務の「代替」にほかならないというのがその理由である。

この種の人々のことを「全体拒否者」（Totalverweigerer）という。全体拒否は違法であり、懲役刑か罰金刑が科せられる。男性は起訴され、一審のポツダム区裁判所は一五〇〇マルクの罰金刑を言い渡した。男性は直ちにブランデンブルク州裁判所（ポツダム）に控訴。州裁判所は九九年、一般兵役義務制を定めた兵役義務法などは「変化した政治的諸条件のもとではもはや合憲ではない」と確信するに至ったため、訴訟手続を中断して、憲法裁に対して、適用する法律の合憲性に関する意見提示決定（Vorlagebeschluss）を求めた。州裁判所は、「ドイツは遅くとも一九九四年八月に最後のロシア軍部隊（東独駐留ソ連軍）が撤退したことにより、その存在を脅かす脅威にさらされてはいない」のであって、一般兵役義務制は兵役義務者の基本権に対する「比例原則違反の侵害」を構成するに至ったという。

憲法裁が口頭弁論を開かなかったので、すでにその段階で違憲判断はないと見られていた。そして四月一〇日、憲法裁第二法廷は兵役義務制を合憲とし、州裁判所の意見提示を「許されない」として退ける決定を下した（以下、単に決定という）。これはJ・リンバッハ長官の最後の仕事だった。細かな論点が多々あるが、注目されるのは次の点である。

決定は、州裁判所が、兵役義務の合憲性を判断しないと本件刑事手続における判断を下せないという点を十分に説明できていないと批判する。また、従来の憲法裁の判例は一般兵役義務を合憲としてきており、この義務について改めて比例原則に即して判断する余地はないとも指摘している。さらに今回の決定は、州裁判所が「兵役義務を維持する他の諸理由が存在することを看過している」として、その例としてNATOの同盟義務を挙げる。そして、立法者には兵役義務制軍隊か志願兵制軍隊かについて開かれた選択肢があり、それは、防衛政策的観点からだけでなく、経済・社会政策的な理由もさまざまに評価・考量しながら行われる国家政策的決断であるとしている（一九七八年憲法裁判決参照）。

感想を言えば、ポツダムの州裁判所は、安全保障環境の変化が何故に徴兵制を違憲とするに至ったかについて説得的な議論を示しえていない。憲法裁がその弱点を突いたのは、ある意味で当然だろう。ただ、憲法裁が兵役義務制軍隊か志願兵制軍隊かの問題をただ単に安全保障状況だけで決まるものではないとしながら、あえて同盟義務を例示した点はやはり問題だろう。ユーゴ空爆、対テロ戦争参加と、国防目的で設置された連邦軍は、いまや国防目的を超えて国際政治の道具として利用されている。まさにこの時点で憲法裁が、立法者には志願兵制軍隊への選択肢も開かれていること、端的にいえば兵役義務制の廃止も立法者のフリーハンドであることを確認したことは実に政治的である。

なお、兵役義務制廃止の動きの背後には、対テロ戦などで露呈した、兵役義務者の海外派遣の困難さがある。「国防」目的で強制的に召集した者が「ブッシュの戦争」に参加して戦死した場合、どう説明するか。いま、ドイツ連邦軍内部では、外国出動の拡大によって深刻な士気の低下が生まれている（四月一九日連邦議会防衛監察委員記者会見より）。そうした事情から、この際兵役義務制を廃止し、志願兵制軍隊にすれば、連邦軍の海外展開はより柔軟にできるようになるという読みである。かつて徴兵制廃止は平和運動の主張だったが、いまは「国防軍から緊急展開部隊へ」という軍隊機能の再編の議論とも絡んでいる点に注意する必要があろう。

他方、福祉施設はツィヴィ（Zivildienst）と呼ばれる民間役務（代役）者によって支えられている。だから、兵役義務制が廃止されると民間役務者がいなくなり、福祉施設のなかには存立の危機に陥る所も出てくるという。兵役義務制の廃止問題は、安全保障問題だけにとどまらない、まさに国家・社会的問題であるというのはそういうことを含意してのことだろう（ただ、福祉分野を「代役」によってではなく、若者に一定期間担わせる「本役」〈一般役務義務〉の構想もある）。

日本では戦後一度も徴兵制を導入できなかった。自衛隊は志願制である。「有事法制」が「整備」されても、一般兵役義務制という意味での徴兵制は選択肢に入らないだろう。これからの「軍隊のかたち」は、多数の素人を召集して「国防」の任に就かせる徴兵制軍隊ではなく、コンパクトで機動性と柔軟性にすぐれたハイテク軍隊である。当然、少数精鋭の志願兵制がベースになる。

ただ、戦略予備という観点から、何らかの形で若者の間に「防衛に親しむ」という切り口で、人員徴募の形態を導入することが追求されている。即応予備自衛官制度をさらに一般にも拡大し、学生や会社員なども参加させる形態（予備自衛官補）や、企業が新入社員研修を自衛隊で行うこと、あるいは、教育現場での「奉仕義務」導入なども、こうした動きと連動してこよう。「有事法制」も、多数の国民を物理的に「総動員」するというイメージではなく、当面は医療・建設・運輸などの専門家に絞って従事義務を負わせるという手法をとりながら（これ自体問題だが）、「有事」における「市民参加」の形が二年以内に出てくるだろう。これは「民間防衛」の問題であり（拙著『現代軍事法制の研究』第五章参照）、またの機会に論じることにしよう。

# 女性と軍隊──四八回目の憲法（基本法）改正──二〇〇〇年一二月一一日

南西ドイツの美しい街、カールスルーエ（Karlsruhe）。ボンから高速道（アウトバーン）三号・五号で簡単に着ける距離だ。去年の今頃、フランスに行く途中に半日滞在し、今年二月にもイタリアからの帰りに通った。ここを過去にも何度か訪れたが、それには理由がある。それは、連邦憲法裁判所があるからだ。もっとも、誰もが一見して「エッ、これがあの……」というほど、それは質素な建物である。「カールスルーエは〇〇法に疑義を表明」といった形で新聞の見出しに使われるように、地名と連邦憲法裁判所とは一体化している。

一二月六日、その連邦憲法裁判所の裁判官会同は、一五人の裁判官のうちの一〇対五の多数をもって、この地にとどまることを決定した（Süddeutsche Zeitung vom 7. 12）。実は、ベルリンかポツダムへの移転計画があったのだが、裁判所はこれを明確に拒否したわけだ。一九五一年にベルリン、ケルン、キールを退けて、カールスルーエが所在地として決定されて以来、まもなく半世紀。来年は連邦憲法裁判所創設五〇周年がこの地で祝われることが確定した。ドイツでは議会や政府の所在地とは別の都市に、最高の司法機関を置くのを常としてきた（旧ライヒ裁判所はライプチッヒ）。まさに

「権力との象徴的な距離」である。私は、日本でも、最高裁は京都か鎌倉あたりに置いた方がいいと常々思っている。欧州連合（ＥＵ）でも、欧州裁判所はルクセンブルクに置かれ、ストラスブール（欧州議会）やブリュッセル（欧州理事会）と距離をとっている。

ところで、その欧州裁判所で今年一月一一日、女性の戦闘部署への勤務を禁ずるドイツ基本法や法律が、職業生活における男女の平等な扱いを定める七六年ＥＵ平等基準に反するとの判決が出された。原告（女性）は、「女も男なみに扱え」という主張よりも、「私は電気技師の仕事をしたい」という技術者個人としての主張を前面に出した。その結果、衛生部門と軍楽隊だけしか就労できない現行制度の不合理性が際立ってしまった。

この判決を受けて、一〇月二七日、ベルリンのドイツ連邦議会は基本法一二ａ条四項二文を改正する基本法改正法案を可決した（賛成五一二、反対五、棄権二六）。一二月一日、連邦参議院も全会一致でこれに同意。四八回目の基本法（憲法）改正が行われた。連邦議会で審議が始まってから第二院の連邦参議院で可決成立するまで、わずか三八日というスピード改正だった。「女子は、いかなる場合にも、武器をもってする役務を給付してはならない」という文言が、「女子は、いかなる場合にも、武器をもってする役務を義務づけられてはならない」に修正された。ドイツ語では、leisten を verpflichtet werden に変えただけの微修正だった（軍人法も一部改正）。

現在、女性軍人は四四一六人（衛生勤務四三六〇人、軍楽隊五六人）。来年一月から、女性は軍隊内のほとんどの部署に就くことが可能となった。だが、この基本法改正を、女性の社会的地位の向上、あるいは男女平等の前進と単純に評価できるだろうか。いまドイツでは、徴兵制廃止が日程にのぼっている。連邦軍が「国防軍」ではなく、「人道的介入」などを主任務とする「危機対応部隊」に変わろうとしているとき、徴兵制の存続の実質的根拠は、「代役」（民間役務）という社会福祉分野の要員確保以外にはなくなった。改正規定は、文言上「女性の徴兵制は認めない」という形をとっている。「男なみに」あるいは「女だからこそ」という形ではなく、「女性がいやなことは男性もいやだ」ということで、今後、この基本法改正は、男性の徴兵制廃止に連動する可能性もある。

「個人の尊重」を軸とする新しいジェンダー論との関わりでも、議論の展開が注目される。なお、改正に反対した民主社会主義党（ＰＤＳ）の五名の議員は、「男女同権が間違った分野で追求されている。連邦軍は、家長的制度の性格を放棄しないだろう」と批判している。実際、連邦軍社会科学研究所の最新の調査によれば、四九・一％の軍人が、女性の戦闘部門への進出に反対し、八三・六％が軍隊内で性的トラブルが増えると回答しているという（taz vom 7. 12）。あわただしく行われた基本法改正の「効果」は今後、思わぬ方向に広がるかもしれない。

〔付記〕直近の改正は、二〇〇二年七月二六日で、第五一回改正となる。

# Ⅳ 近づく憲法改正の足音

ドイツ滞在中の一九九九年七月、日本で国会法が改正され、衆参両院に憲法調査会が設置された。目的は、「日本国憲法について広範かつ総合的に調査を行うため」とされた（一〇二条の六）。

日本国憲法については、改正頻度だけの表面的比較から、「世界で最古の憲法」と言われる。今も「押しつけ憲法」というレッテルが貼られている。ボン基本法が制定されたボン市に住み、基本法制定に縁《ゆかり》の場所を訪ね、制定過程の資料を読んでの感想は、ドイツ（旧西）もまた米英仏三カ国の占領下にあって、占領軍が、基本法の細かな条文ごとに意見を述べ、内容的にもかなりの圧力をかけたということである。だが、ドイツでは誰も基本法のことを「押しつけ憲法」とは言わない。

これと比べて、「押しつけ憲法」論が跋扈《ばっこ》する日本は、憲法に対する主体的な態度が何と欠如していることか。「部数だけは世界一」の新聞社が改憲試案を二度も出して、改憲ムードを煽っている。

準憲法的法律とされる教育基本法の改正論議も活発化してきた。でも「なぜ、いま改正が必要なのか」という点については、まだ積極的説明はない。「憲法に環境権がないので、改正して条文として入れた方がよい」という素朴な改憲論も根強い。だが、憲法が、国家権力を制限する禁止・制限規範であることは重要である。現在の改憲論は、「国家による国家のための憲法的規制緩和」の動きであって、市民にとって決してプラスにはならないだろう。

# 高知県非核港湾条例のこと――一九九九年三月一日

レギュラーをやっている「新聞を読んで」（ＮＨＫラジオ第一放送）の二月七日放送分で、「神戸方式」と高知県非核港湾条例について話した。一九七五年以来、神戸市は、市議会決議に基づき、神戸港に入港する艦船に、核兵器を積んでいないという証明書（非核証明）の提出を求めてきた。この方式を応用すべく、橋本大二郎・高知県知事は県議会に非核港湾条例案と、外国艦船寄港時に外務省に非核証明書を求める事務処理要綱案を提出した。これに対して政府は、外交・安全保障は国の専権事項だとして、県を厳しく批判した。

地元『高知新聞』一月八日付社説は「国の非核政策の方が問われている」と題して、自治体が米軍協力を迫られる状況だからこそ、「非核三原則の実効性が一層、厳格に問われる。地方とともに非核三原則に新たな生命力を吹き込む姿勢と度量を国に求めたい」と指摘した。同紙二月一六日付社説も、自民党の条例化阻止は、「政府が国是としてきた『非核三原則』を否定しかねぬ行為で、自己矛盾に満ちたもの」と批判。「非核を国是としながら、核持ち込みに目をつぶる政治を国民は支持できない」と書いた。

一方、『読売新聞』二月二二日付社説は「『非核条例』に潜む反安保の策動」と、政党機関紙のような露骨なタイトルで高知県を批判。『産経新聞』二月一八日付社説は、「高知県の方針は不可解だ」とタイトルこそまだ品がいいが、「国家が危機に直面しているとき、国の資源を総動員して安全をまっとうするのは当たり前であろう」と、まるで戦前の社説のような物言いだ。

北朝鮮が惨憺たる状況にあるのは事実だが、だからといって今にも戦争が起きるかのような「危機フィーバー」にあるのは日本だけである。韓国の冷静さに学ぶ必要があるし、当のアメリカにしても、北朝鮮への特使派遣など外交ルートの開拓を怠らない。アメリカがこの機会にＴＭＤ（戦域ミサイル防衛）という法外な買物を日本にさせた後に、北朝鮮と国交を結ぶということも十分あり得る。「思いやり予算」への批判は影をひそめ、社説に「国の資源を総動員」という言葉まで飛び出し、対米軍協力は何でもありの状況になってきた。

非核三原則のうちの「持ち込ませず」の空洞化が言われて久しい。そうした状況のもとで、地方自治体が、「住民及び滞在者の安全」（二〇〇〇年の改正前の地方自治法二条三項一号）を守るという観点から、核兵器の持ち込みの有無を問うのは当然ではないか。そのことで日米関係が崩壊するというのは奇妙である。真の友好関係というのは、相手がいやがること（核持ち込み）の無理強いからは生まれない。

政府が新ガイドライン関連法案で狙う対米軍協力の突出こそ、住民の安全を危うくするものである。憲法九二条（地方自治の本旨）と九条（平和主義）との統一的な解釈により、「地方自治の本旨」

には、地方自治体が平和的な状態で運営されるという要請が含まれると解される。自治体は、「住民及び滞在者の安全」を守るため、今後とも創造的な努力と工夫をしていく必要があろう。

## 憲法調査会が動きだす――二〇〇〇年一月一七日（ドイツ滞在中）

ドイツでの滞在日数は三カ月を切った。早いものである。二年まで可能だったが、九八年秋に在外研究が決定したとき、「憲法が危ないから一年で帰る」と宣言した。その時、皆が笑った。ドイツ滞在中、日本は大きく変わった。今は誰も笑わないだろう。

昨年（一九九九年）七月に国会法が改正され、「日本国憲法について広範かつ総合的に調査を行うため」、憲法調査会が衆参両院に設置された（一〇二条の六）。扱う事項は各議院の議決で決まるので（一〇二条の七）、調査内容に特別の制限はない。二〇日に国会召集。改憲を射程に入れた議論が公的に始まる。

だが、ドイツから見ていると、日本の改憲論議は妙に浮ついた印象を受ける。憲法そのものより、憲法を改正すること自体に妙な力みが感じられるのだ。「改正オブセッション（強迫観念）」とでも言えようか。「日本国憲法は一度も改正されない世界最古の憲法」といったエモーショナルな物言いがその一例だ。「環境権やプライバシー権を入れるために憲法改正を」「私学助成が違憲になるから、憲法八九条を改正しよう」といった、学説・判例もわきまえない荒っぽい議論が横行している。私立大学に勤める人間として言わせてもらえば、私学助成と憲法改正を絡める人々の顔ぶれを見ると、私学助成に果たして積極的だったのか疑わしい人も少なくない。

なお、「押しつけ憲法は改正すべし」という議論もあるが、この苔むした改憲論の勢いはいま一つ。むしろ、「とにかく変えてみよう」式の軽やかで、「分かりやすい」議論の元気がいい。その代表が鳩山由紀夫氏。若者のトークショーなどに登場しては、「現実に合わなければ憲法を変えればよい」といった「大人の議論」を吹いているという。まさに「改憲軽チャー」だ。

だが、憲法は変えればいいのか。よく例に挙げられるドイツ基本法は、半世紀の歴史のなかで四六回も改正された。四〇箇条が追加され、三箇条が削除された。同一条文内の追加・修正を加えると、一九一箇所に手が加わったことになる。だが、この頻繁な改正には批判もある。例えば、最近退官した連邦憲法裁判所のD・グリム裁判官は、「憲法は政治を抑制することに意味がある。だから、政治は自己の必要性に合わせて憲法を作ってはならない」と述べ、住居の不可侵の制限（盗聴）を認めた第四五次改正などを批判した。

一般的に言って、本来憲法によって規制を受ける側の人々が、改憲に熱心であるという場合、これは疑ってかかるのが筋である。なぜなら、憲法は、国家権力を抑制するところに存在意味があり、権力の側がこの拘束を弱めようとするとき、市民には決して利益にならないからだ。それに、新しい人権条項を設ければ、その権利が保障されると考えるのも錯覚である。現行憲法のもとでも、環境権やプライバシー権を求める市民の運動と判例の蓄積のなかで、不十分ながらもそれらの権利が保障されてきたのだ。通信傍受法を推進した人々が、プライバシー権導入のための憲法改正を説く。ここに、現在の改憲論議の危なさがある。

今の改憲論の主要な目標が九条改正にある点は大方の指摘する通りである。だが、その本質的問題性は、それにより日本が「軍事大国」になるかどうかにあるのではない。問題は、違憲行為を続けてきた側が、もはや違憲と言われないように憲法を変えてしまう、これを国民が支持する、こうした状況が生まれることで、憲法は「存在の耐えがたい軽さ」を際立たせ、結果として立憲主義を軽んじる風潮が定着するおそれがある、という点にある。

調査会発足の時点で直言する。憲法規範と現実とのズレを埋めていくというならば、個々の条文の弱点をあげつらうよりも、憲法に反する現実政治のありようを正すことこそ先決である、と。

## ドイツの基本法は〝押しつけ憲法〟か？――二〇〇〇年三月六日（ドイツ滞在中）

二二年前に小野梓記念学術賞を受賞した私の論文「西ドイツ政党禁止法制の憲法的問題性」の副

「ボン基本法」の制定会議が行われた建物。
現在は博物館になっている（1999年11月）

題は、「ボン基本法第二一条第二項を中心に」である。当時ドイツは東西に分裂しており、西ドイツの基本法は「ボン基本法」と呼ばれていたが、九〇年の統一以降、この言葉はあまり使われなくなった。

いま私が住むボンには、基本法関係の資料類が豊富にあり、基本法制定に関わる「現場」も身近にある。たとえば、動物学の博物館である Museum Alexander Koenig（現在改修中）。連邦道九号線沿いにあるこの建物で、一九四八年九月一日、基本法制定会議（議会評議会）が開会された。その二週間前、バイエルン州の景勝地ヘレンキームゼー城で専門家の会議が開かれ、憲法草案がまとめられた。そこでは、先行するドイツの諸憲法（とくにフランクフルト憲法とヴァイマール憲法）のほか、諸外国の憲法、とくに米英仏とスイスの憲法が参考にされた。

たとえば、基本権関係では、外国憲法だけでなく、国連の世界人権宣言草案も影響を与えた（とくに前文、婚姻や家族、一般的行為の自由、人身の自由）。また、集会の自由はスイス憲法がモデル。連邦憲法裁判所はアメリカ最高裁が参考にされた。ただ、全体として、特定の憲法がモデルになるということはなかった（H. Wilms, Auslandische Einwirkungen auf die Entstehung des Grundgesetzes, 1999)。

特筆されるべきは、ドイツを分割占領した米英仏占領軍の影響である。三カ国軍政長官は、三本のメモランダムや個々の声明などを通じて直接・間接に制定過程に介入。たとえば、四八年一一月二二日の「メモランダム」は、二院制の採用、執行権（とくに緊急権限）の制限、官吏の脱政治化など、内容に踏み込む細かな指示を八点にもわたって行っていた。その干渉ぶりは、米国務省が米占領地区軍政長官クレイ大将に対して、もっと柔軟に対応すべきだとクレームをつけたほどだった。

約八カ月の審議を経て基本法が可決されたのは、四九年五月八日。日曜日にもかかわらず、この日午後三時一六分に会議は開始された。賛成五三、反対一二（共産党と地方政党）で可決されたのは午後一一時五五分。日付が変わるわずか五分前だった。アデナウアー議長（初代首相）は、八日中に可決することに全力を傾けた。なぜか。この日が、四年前にドイツが連合国に無条件降伏した日だったから。占領軍、とくに日付にこだわるアメリカに対するメッセージ効果を狙ったのは明らかだ。

五月一二日、三カ国の軍政長官たちは、基本法制定会議の代表団と州首相に対して、基本法を承認する文書を手渡したが、この段階に至ってもなお、個々の条文を列挙して条件を付けた。五月二一日までに、基本法はすべての州議会で審議され、バイエルン州を除くすべての州で承認された。

このような状況下で制定された基本法を「押しつけ憲法」と見るか。当初はそういう議論もあったが、五〇年の歴史のなかで「押しつけ」といった議論はほとんどない。実際、軍政長官の影響は、財政制度や立法権のあり方、ベルリンの地位などに絞られ、全体として基本法制定会議で自主的に決定されたと評価されている。占領下の厳しい状況のなかでアデナウアーらは、占領軍の顔をたてつつ、したたかに実をとっていくギリギリの努力をした。その結果生まれた基本法は、その後の世界の憲法に重要な影響を与えるとともに、憲法学の分野で必ず参照される重要憲法の一つとなった。

ところで、日本では、国会に憲法調査会なるものができ、そこで「憲法は占領下で押しつけられたもの」という意見が述べられたそうだ。何をいまさらという感も強いが、「押しつけ」を言う人々には、憲法に対する主体的な姿勢が欠如している。内容抜きの「押しつけ」云々の議論は、こちらで見ていると実におかしい。息詰まる「押しつけ状況」のなかで、ボン基本法制定者たちがどのように行動していったのかを見ていくと、ドイツになぜ「押しつけ憲法」という議論がないのかがよくわかる。(拙稿「国際社会への参加資格」『アエラムック・憲法がわかる』朝日新聞社参照)

## 読売改憲二次試案のねらい――「軍隊」の導入――二〇〇〇年五月八日

広島での5・3講演を終えた。県民文化センター大ホールに七〇〇人が入り、盛会だった。今年で七回目の「マイライフ・マイ憲法」というミュージカルも面白かった。小学校四年生の時から毎回出演している女の子が今回は高校一年生。彼女を含む子どもたちの演技がとくによかった。

ところで、講演当日、『読売新聞』が「憲法改正第二次試案」を出した。消息筋から事前情報を得ていたので、前の晩にホテル・フロントに依頼しておき、早朝に同紙を入手。講演に間に合わせた。一九九四年一一月三日の「試案」も、一線記者を含む七五〇〇人の社員に伏せられて発表された。当時私は、「渡辺恒雄社長と一二人の浮かれた男たち（女性記者は一人もいない）」による「私案」と皮肉った（『法学セミナー』九五年一月号、拙著『武力なき平和』〈岩波書店〉所収）。今回の二次案は六人増えて一八人。女性らしき名前も混じっているので、講演前にホテルから読売東京本社に電話で確認した。女性記者一人をアリバイ的に加えてはいるが、内容にはまったく反映していない。二次案の柱は八つ。

① 「公共の福祉」を「公共の利益」とし、「国の安全や公の秩序」による人権制約を一層強化したこと

② 政党条項の新設

③ 衆院の法案再議決を三分の二から過半数に緩和

④ 緊急事態条項の新設

⑤ 「自衛のための組織」を「自衛のための軍隊」としたこと

⑥「犯罪被害者の権利」の新設
⑦行政情報の開示請求権の新設
⑧地方自治の基本原則（「自立と自己責任」）の明示

犯罪被害者や情報公開などは付け足しで、目玉は「軍隊」の明示と緊急事態条項新設、個人の権利・自由に対する包括的制約だろう。とくに「軍隊」という表現を堂々と打ち出すことで、腰の引けた国会議員たちにハッパをかけている。新設条文の四〇％が緊急事態条項。

結局、タイミングと内容から見て、今回の二次案の狙いが、国会における憲法改正論議を九条改正の方向に誘導することにあるのは明らかだろう。もっとも、肝心の緊急事態条項の中身たるや、国会には二〇日以内の事後承認で足りるとしている点（自衛隊法七六条の防衛出動でさえ、国会の事前承認を原則としている）、消防を治安関係機関にカウントして、首相の統制のもとに置くとしている点、首相が国民の身体の自由や通信の秘密などを制限する緊急措置をとることができるとしながら、「前項の措置をとる場合には、この憲法が保障する基本的人権を尊重するように努めなければならない」というイクスキューズを付加している点など、素人のやっつけ仕事の域を出ない。

「自作自演のコンメンタール（逐条解釈）」には、緊急事態条項について「首相に命令権集中」とある。小渕内閣の終焉の際の「怪しさ」を想起すれば（二〇〇〇年四月第一週に小渕首相が倒れ、意識不明のなかで、青木官房長官が首相臨時代理に「指名」され、内閣が総辞職した）、国会統制を緩和した緊急事態条項新設の「危なさ」は明らかだろう。

五年半前の一次試案は、九九条（憲法尊重擁護義務）を削除し、国民に対して「憲法遵守義務」を要求した。そもそも憲法とは、国家権力の統制を最も重要な任務としている。読売試案はこれを逆転させ、結局、「国家権力にやさしい憲法」を指向しているといえる。

私は一次試案が出た直後に書いた前掲拙稿の末尾をこう締めくくった。「権力の側には立憲的制約を緩和して、広範な裁量権を与える一方で、国民の側には『公共の福祉（利益）との調和』や『憲法遵守』を要求する憲法とは一体何なのか。それは『未来志向型憲法』などでは決してなく、欧米の『普通の国』の水準にも達しない、この国の後進性と権威主義的体質を助長・促進する『現状追認型憲法』への退歩でしかないだろう」と。

現場の一線記者からは、「三次試案は徴兵制か核武装になるのか」という声も聞こえてきそうである。「部数だけは世界一」の新聞の「迷走」はとどまるところを知らない。

## 外国人の地方参政権――二〇〇一年一月一五日

昨年（二〇〇〇年）一二月、埼玉県の依頼で公務員研修をやった。一日六時間で四日間。超多忙な時期だったから、毎回酸欠状態になり、体力も限界に近づくなかでの講義だった。でも、県や市町村から研修出張で来た職員の方々の受講態度は大変よく、即日メールで感想も届くなど、やってよかったと思っている。

講義のなかでは、グループ討論も行った。一〇人ずつ一〇グループで話し合い、班長に論点を紹介してもらう。二日目に「外国人の人権」をテーマで討論した。その結果、外国人の地方参政権に賛成する意見が圧倒的多数を占めた。「むしろ遅すぎるほどだ」「地域の問題に真剣な外国人の方もいる」といった意見も。現場で直接外国人と接している職員から、いろいろな意見が出された。地方自治の現場では、「コミュニティの一員としての外国人」に政治参加の道を開くことについて、前向きの意見が強いとの印象を受けた。

だが、まったく違った発想をする人々もいる。昨年一〇月、石原都知事は関東知事会議の席上、外国人の地方参政権問題に触れ、「日本に居留している外国人が意思表示するということ自身が奇態な話」と述べた（『毎日新聞』東京本社版一〇月二〇日付）。「奇態な」という形容詞の使い方が何とも異様である。

『読売新聞』一〇月二九日付社説もすごい。たとえ地方であっても外国人に選挙権を認めることには無理があるといい、その理由として、周辺事態法との関連を挙げるのだ。「日本に敵対的な国の国籍を持つ永住外国人が選挙権行使を通じて地方自治体に影響力を及ぼし、国への協力に支障を来す事態がないとは言えない。そうなれば国家の存立にもかかわる」。

米軍がアジアで強引な軍事介入を行う事態が起きて、国が自治体に対して米軍への「協力」を求めてきたとき、「敵の第五列」が自治体を通じてサボタージュするおそれがあるという発想だ。この論説委員の頭は、世の常識からすれば、まさに「奇態」に属する。改憲試案を執拗に出す新聞社らしい発想ではある。

ところで憲法学では、人権が外国人にも及ぶのか否かといった議論は、「人権の国際化」のなかですでに意味を失った。むしろ、「外国人に保障されない人権」があるのかどうか、あるとすれば何か、その根拠は何か、という形で、外国人への保障を前提にして考えていくわけだ。一般には外国人に保障されない権利として、参政権、社会権、入国の自由がよく挙げられる。その場合、日本国籍を基準にするか、それとも生活の実態を基準にするかで、保障の可否・程度の判断は分かれてくる。とくに参政権は「国民」主権や「国民」代表との絡みで、国籍へのこだわり度は高い。

だが、近年、在留（定住）外国人に関しては、国籍にこだわらない、現実的な処理を求める説が有力に主張されるに至った。九五年二月の最高裁判決も、「地方自治の制度の趣旨からすれば、在留外国人のうちでも永住者等で居住区域と特段に密接な関係をもつに至ったと認められる者については、その意思を公共的事務処理に反映させるべく地方公共団体の長・議員等の選挙権を付与することとは憲法上禁じられていない」と結論した。選挙権を国籍保持者に限定した判決だから、九三条にいう「住民」が日本国民たる住民であると理解されており、だとすると、これとの整合性はどうなるのかといった論点が当然出てくる。

ただ、少なくとも地方参政権については、立法による道が開かれたことは確かだ。だが、「永住外国人地方選挙権付与法案」は継続審議となった。与党は、「在日韓国・朝鮮人を中心とする特別永住者の帰化要件を緩和すれば、法案の成立の必要はない」という立場だ。従来、申請から一年程度かかっていた帰化手続きを簡素化し、「事実上、書類を提出しただけですぐに帰化できる」制度に改める方向という（『読売新聞』一二月二四日）。

だが、「帰化」とは日本国籍の取得であり、国籍にこだわる人々は、依然として自治体の選挙に参加できないことになる。帰化の手続きを簡素化すればよいという発想は、問題のすり替えだと思う。「帰化」といった国家の論理ではなく、「たまたま外国籍をもっている地域に住む個人（自然人）」をコミュニティの一員としてどう扱うのかという具体論が問われているのである。

## 首相公選論の落とし穴――二〇〇一年六月四日

水曜の三・四年専門ゼミは毎回、議論が白熱する。授業としては一コマ九〇分だが、持ち出しで二コマ連続一八〇分の枠をとっている。終了後、学生たちは居酒屋で延長戦に突入するのが常だ。先月「脱ダム宣言」を担当した班は、長野県土木部や国土交通省、下諏訪ダムの下流住民、環境派市民などに分かれて模擬シンポの形をとった。土木部長役の学生は、長野県に電話取材して準備したという。

毎回読み切り方式なので、次の週は首相公選論が取り上げられた。中曾根改憲試案の分析やイスラエルの首相公選制、議院内閣制と大統領制との比較など、さまざまな角度から報告がなされた。首相公選の動機として挙げられる、民意の国政への反映の促進、派閥政治の打破、政治的リーダーシップの強化、国民主権原理の拡大、議院内閣制への不信感などの論点を軸に、さまざまな意見が出た。

討論も終わり近くなると、首相公選制に積極的だった学生のトーンが次第に下がってきて、慎重論や否定論が増えてきた。私も、四〇年前に出された赤茶けた「中曾根改憲試案」の実物を見せながら、議論に参入した。「試案」を入手した経緯や因縁めいた話は『朝日新聞』「記者席」(一九九七年八月二三日付)に譲るとして、ここでは中曾根氏の問題意識を紹介しておく。

まず第一。「歴史は繰り返す」わけではないが、中曾根氏も四〇年前、小泉現首相のように「変人」扱いされた。中曾根氏の首相公選論は、当時の主流派は決して採用しない議論である。

中曾根改憲私案

氏は、「首相の地位が、国民の手の届かない場所において、国民の意識とはかけはなれた利害打算のうちに、談合の対象となっている」と激しく論難。その原因を議院内閣制に求めつつ、一気に「首相の国民投票制」提唱へと向かう。議院内閣制は政権争奪の制度であると決めつけ、その結果、政局は派閥間のバランスで動き、長期計画の推進による国力の発展など望めないという。

第二に、「マスコミの驚異的発達」により、国民は政治家の良し悪しを皮膚で感じとることができ、「その感覚は平凡ではあっても多数集まれば正しいもの」になる。公選首相は、「派閥の思惑や利害とは無縁に、常に政治と大衆の心のギャップを埋めて政治を安定させ、象徴天皇のもとに民主主義をたくましく前進させる力となりえよう」と。まだテレビが普及途上にあった時期に、テレビの政治利用を見抜いていたのはさすがだ。

第三に、首相が自衛隊の最高指揮権者であることに着目。「いまの制度の首相の下で、いざ国難という場合、自衛隊は喜んでその命令に服するだろうか」と挑発的な言葉も投げかける。

具体的に見ると、試案では、天皇が、国民の選挙に基づいて内閣首相と副首相を任命する、とある（五・七九条）。任期四年で連続再選はできない（七九条）。米国大統領を意識して三選禁止にしたのだろう。なお、「試案」原本にはそこだけ紙が貼ってあり、その下には「引き続き四回以上選任されることはできない」という部分が透けてみえる。また、首相・副首相は国会議員を兼ねられない（八二条）。非常事態宣言（九〇条）や非常時における国会議員の任期延長（九一条）、緊急政令・緊急財政処分（八九条）などの強力な権限をもつ。

他方、国会には、首相を不信任する権限は与えられない。有権者の三分の一以上の連署で、憲法評議会（議長や首相経験者からなる元老院的な機関）に首相解職を請求して、憲法評議会がこれを投票に付し、過半数の同意があったとき、首相は解職される（八四条）。「首相リコール」はあっても、国会は内閣不信任決議をなしえない。内閣総辞職の規定もない。中曾根氏は首相公選と言いながら、実質的には大統領制に限りなく接近している。

そもそも議院内閣制とは何か。議会に対して内閣が責任を負う制度、議会と内閣との「均衡」の制度、あるいは内閣が議会の信任に依存する制度、といった理解がある。いずれにせよ、不信任決議権や解散権の存否は、議院内閣制の重要なポイントをなす。だが、試案にはそのいずれも存在しない。端的に言えば、試案は、議院内閣制の仕組みのなかに大統領型の強力な執行権を無理に接ぎ木したものと言える。

いま、四〇年の歳月を経て、再び首相公選制が脚光を浴びているが、この国の議院内閣制の実態の検証や緻密な制度設計はほとんどなされず、国民の支持を調達しやすい「改憲のタクティックス」の側面が濃厚である。将来的に議院内閣制が絶対というわけでもないが、制度の問題と政治（政治家）の質・能力の問題を混同した議論が公然と横行する間は、制度いじりは避けた方がいいだろう。のみならず、米ブルッキングス研究所のウィーバー研究員によれば、「首相公選制は人類が考えついた最も愚かな制度」ということになる（『朝日新聞』五月一六日付）。

民意の反映という面でも、リーダーシップの強化という点でも、首相公選制を導入したら前進するというものでもない。実際、中東和平で強いリーダーシップが求められたイスラエルで、九六年に首相公選制が採用されたが、今年三月、わずか五年で廃止されてしまった。国民が二票を持った結果、首相選挙では中東和平などの大テーマで投票し、議会選挙では、地元や支持母体の利益を代表する政党に入れる人が多かった。九九年選挙では一五会派が議席を獲得したが、第一党の労働党でも、一二〇議席中わずか二三議席だ。議会の多党化は進む一方である。結局、今年三月、イスラエルは、首相を国会で選ぶ方式に戻った。

かつて日本で「首相公選運動」が盛んになったのは一九六二年から六四年の間だった。当時の週刊誌は「首相と恋人は、自分で選ぼう」と、この運動を紹介したそうだ。四〇年前もムード的な議論だった。政治を極限にまで貶《おとし》めた「前に首相をやっていたあの男」の派閥の会長だった小泉氏。マスコミをうまく操縦して、八割以上の驚異的な支持を得ることに成功した。やることは全部やるという全力疾走モードだ。この国の民主主義にとって本当に求められているのは、首相公選制の怪しげな議論にのることではなく、小選挙区制導入で歪んでしまった選挙制度を改めることだろう。

(なお、参考として『新聞研究』〈日本新聞協会〉五六八号〈一九九八年一一月号〉所収の拙稿「『信頼は専制の親である』——リーダーシップ」も参照していただきたい。)

## なぜ教育基本法の「改正」なのか――二〇〇一年一二月一七日

故・有倉遼吉早大教授は、日本教育法学会の初代会長として、教育法の理論的発展に大きく貢献された。二五年前、大学院生の時に先生の授業（憲法研究）を初めて受けたとき、起立・礼で始まったのには驚いた。厳格な姿勢はすべてに貫かれていた。その有倉先生が情熱を傾けてとりくまれたのが教育基本法（以下、教基法と略す）である。先生はこの法律を「準憲法的法律」と呼んだ。法的効力こそ一般の法律と変わらないが、内容的には憲法の理念を具体化するきわめて重要な法律である。

前文の格調高い文章は、教育のあり方に関する普遍的メッセージとなっている。本文は全一一カ条。教育の目的と方針（一・二条）、教育の機会均等（三条）、義務教育とその無償（四条）、男女共学（五条）、学校教育の公共性と教員の職責（六条）、社会教育の奨励（七条）、政治・宗教と教育の中立性（八・九条）、教育行政の民主的あり方（一〇条）、補則（一一条）からなる。日本国憲法と同じ歳月を経た「準憲法的法律」にいま、手がつけられようとしている。

文部科学大臣は一一月二六日、中央教育審議会に対して、今後の教育改革の方向を定める「教育振興基本計画」と、「新しい時代にふさわしい教育基本法のあり方」を審議するよう諮問した。教基法は一九四七年に施行されて以降、一度も改正されていない。他方、教基法の理念に反する施策が長年にわたって展開されてきた（拙稿「戦後教育と憲法・憲法学」樋口陽一編『講座憲法学・別巻』日本評論社）。そしていま、戦後教育の「総決算」の最終ステージとして、教基法「改正」が日程にのぼったわけである。

教基法をなぜ変えるのか。どこが不都合なのか。「愛国心が書かれていない」という類の改正理由は一九五〇年代から主張されてきた。個人の権利が強調されすぎていて、義務がなおざりになっているという批判、公の視点が弱く、利己主義がはびこる、日本の歴史・伝統・道徳などについての記述が弱い、といった主張も旧態依然たるものである。

「宗教的情操の涵養が落ちている」といった指摘に至っては、教基法九条を踏まえた議論をすべきだといいたい。教基法九条一項は、「宗教に関する寛容の態度及び宗教の社会生活における地位は、教育上これを尊重しなければならない」と定めている。決して宗教を無視・軽視しているわけではない。ただ、国や自治体が設置した学校は、特定の宗教教育をしてはならない（同二項）。憲法の政教分離原則から当然のことだろう。

ちょうど一年前、NHKラジオ「新聞を読んで」で、「教育改革国民会議」最終報告が教基法「見直し」を提言したことに言及した。放送では、教基法一〇条が、教育は「不当な支配」に服することなく、国民全体に対し直接に責任を負って行われるべきものと定めた意味を強調した。教育は実にデリケートなものである。その時々の政治や社会の論理からできるだけ距離をとり、長期的な視野で行われる必要がある。伝統・文化あるいは民族を過度に強調することは、教育の現場に混乱を持ち込むものだろう。

『毎日新聞』連載「時代の風」（一二月二日付）で養老孟司氏（解剖学者）は教基法見直し問題に触れ、「子どもが変だとすれば、大人のせいに決まっている」「まず大人が自らを省みよ」と指摘している。同感である。審議会や「教育改革国民会議」で教基法攻撃をする「大人」たちの国家観、政治感覚、社会意識をみると、その薄っぺらさが浮き彫りになってくる。

いま教基法を改正する必要性はまったくない。むしろ、教基法の理念から遠く離れた教育の現実的ありようを少しでも変える努力こそ肝要だろう。とくに過度な伝統の重視や「国に誇りをもてる日本人の育成」なんていうコンセプトは教育の現場を混乱させるだけである。「誇り」をことさらに強調する発想それ自体がそもそも胡散臭い。

最近ドイツ・マンハイムの社会研究所（ｉｐｏｓ）が行った世論調査によると、市民の八五％が「ドイツ人として国に誇りをもっている」と答えたという(Die Welt vom 29. 11)。学歴で分類すると、教育水準が上がるに従って、誇りをもつ人々の割合は「劇的に」減るということも確認された。基幹学校（Hauptschule）卒の人々の八七％が「ドイツ人であることに誇りをもつ」と答え、中級卒業資格をもった人では七一％、そして高等教育を受けた人では五七％という数字である。

具体的にどんな点に誇りをもつかという点では、社会的安定（五四％）、経済力（五〇％）、文化的成果や民主的秩序（ともに三九％）と続き、ドイツの歴史に誇りをもつという人は一八％にすぎない。さらに、政治制度について誇りを感じるという人は西が四四％であるのに対して、東では二一％にとどまり、むしろ消極的評価の方が高い。

日本でも同様だと思う。「自分の国に誇りをもつか」と尋ねられても、その人がどのような中身を想定しているかにもより、答えは単純ではないだろう。子どもたちが学ぶ教育現場に、大人の政治的論理が過度に、あるいはストレートに持ち込まれることは望ましくない。無理に「誇り」を押し出せば、胡散臭い埃がついてくる。自分と自分の国、社会について学ぶなかで、それを誇りに思う気持ちも自然に出てくるはずである。だが、それを他人や他国の人々に対してあえて押し出すかどうか。むしろ、誇りに思う気持ちというのは、内に秘めておく自然なものではないだろうか。

## コスタリカ市民の憲法意識――二〇〇一年二月一二日

中米にコスタリカという国がある。隣国はニカラグア、ホンジュラス、パナマなど。クーデターや武力紛争が絶えない地域である。だが、コスタリカは一九四九年一一月制定の憲法一二条一項で常備軍を廃止した。同三項では、防衛のための軍隊の再組織を認めているが、この条項は半世紀以上、一度も使われていない。一九八三年に「永世的、積極的、非武装中立に関する大統領宣言」を行い、「武力なき平和」の姿勢をより鮮明に打ち出している。軍事費がない分、教育予算に全国家予算の二二％をあてる（九八年度）。識字率九七％、平均寿命七六・三歳、上水道の普及率九六％は、途上国ではトップクラスだ。

昨年（二〇〇〇年）九月、日本の法律家が中米コスタリカを訪問したときの話。観光バスのなかで、案内のガイドがこう言った。「この国には二つよいところがあります。一つは美しい自然環境、もう一つは軍隊がないことです」。サングラスをかけた粋な男性ガイドの口からサラッと出た言葉に、団長の池田真規弁護士は衝撃を受けたという。人口わずか三五〇万の小国ながら、国土の二四％が国立公園（保護区）。地球上の動植物種の五％（鳥類は一〇％）が生息する恵まれた自然環境をもつ。それに加えて「軍隊がない」ことを、普通の市民が誇りに思っている。池田氏らは、訪問先で予定にないインタビューを行ってこれを確認した。市民も、小学生たちも、軍隊がないことをポジティヴに語る。これはすごいことだ、と。

その秘密を、フィゲレス元大統領夫人のカレンさんは池田氏らにこう語った。「武器を持つということは、人間が武器に支配され、武器の奴隷となり、武器の犠牲となるのです」「武器は自ら捨てていかなければならない」「軍隊はコスタリカにあってはならないものなのです」。国家が軍隊を保持しないことは非現実的だと言われるが、コスタリカでは、「軍隊を持たないから平和なのだ」と市民が自然に語るのが特徴的だ。なぜこうなったか。カレンさんの講演記録から紹介しよう。

それによると、一八七一年の時点で、コスタリカは中米一の軍隊を保持していた。コスタリカは、戦争を回避するには、対話・和解、そして国際的な権利の主張、これが大事だと考えた。だから、子どもの頃から、物理的暴力で解決するのではなく、対話することを教えられる。実践的平和教育が徹底している。周辺諸国はクーデターや戦争が多いが、コスタリカは軍隊を廃止して以降、これらの国々と対等な対話をして平和を維持してきた。米州機構に「軍事協力はできないことを条件」として加盟して、平和外交に徹する。国連や国際機関の活動に積極的に参加する。軍隊がないというカードが、国連の軍縮分野で発言力と説得力を獲得する。こうした活動の結果として、アリアス元大統領がノーベル平和賞を受賞したのだ。加えて、軍隊がなくてもやっていけるのには、市民社会の強さもある。

「軍隊を廃止し、平和教育を徹底し、清潔な選挙制度を確立して民主的制度を改革し、積極的な平和外交を展開すれば、外国から侵略されることはありません。コスタリカは常備軍を廃止したから、侵略を受けない平和国家になりました」

カレンさんの講演記録を読んで感じたことは、軍隊を持たないからこそ、積極的な平和・仲裁外交に迫力と説得力が増すことだ。国内的には、選挙管理裁判所という政権から独立した特殊な機関があって、清潔な選挙を実施するから、政治対立が泥沼化せず、民主主義の水準があがる。そして、豊かな教育・福祉政策により市民生活が向上し、市民意識が高まる。彼女の言葉を借りれば「市民社会の力」を強めることが、平和を確保する力となるわけだ。

確かにコスタリカ憲法一二条は、防衛のための軍隊の再組織を留保している点で、日本国憲法九条と比べ、規範レベルでは徹底性を欠いている。だが、普通の市民の平和意識・憲法意識の水準は、日本よりもはるかに高いと言える。日本では、「もし攻められたらどうする」という旧来型の発想から抜けきれず、利己的市民の「安全感」の確保のため、「必要最小限度の実力」と称する巨大な軍隊を持ってしまっている。その軍隊がいま、「自衛」ではなく、介入型に変質しつつある。それに比べれば、コスタリカ市民の平和認識、憲法意識の鋭敏さは、周辺諸国で銃声が聞こえるなかでのことだけに、よりリアリティをもってくる。

なお、先月、東京・三鷹市主催の講演会で、コスタリカの駐日大使が「非武装永世中立国コスタリカの積極的平和論」と題して語った。「平和憲法があるから平和になるということではなく、平和とは日々新たに作り上げるものだ」という件《くだり》では、聴衆から拍手が起こったという（『朝日新聞』一月二一日付多摩版）。コスタリカ政府観光局のホームページのトップに、「世界で唯一の非武装永世中立国」とある。

（池田真規「コスタリカに学ぶ」『平和教育』五九号、テープ起こし生原稿を参照。また、池田氏から資料も提供していただいた。）

# V

# 9・11からアフガン戦争まで

「9・11テロ」は世界を変えたと言われる。ある意味ではそうだろう。だが、本当にそうか。冷戦構造が崩れ、巨大な軍隊や軍需産業はリストラ対象になった。秘密情報機関（CIAなど）も縮小を迫られていた。だが、「9・11」はそのすべてに安定した地位と、膨大な仕事と予算をもたらした。

古色蒼然たる国家が、法的・政治的に規制され、使用不能になっていた権限（法律）を一斉に開花させた。単独行動主義と結びついた新たな国家主義の台頭である。「9・11のゆえに」ではなく、「それゆえに9・11」だったのかもしれない。

本章では、「9・11」直後の生々しい描写から、ブッシュ政権による「対テロ戦争」への盲進までを刻々と追った「直言」を収めてある。米国内部でも、「安全突出、自由滅ぶ」に向かいかねない「テロ対策」を批判する人々や、アフガン「空爆」に反対する人々がいる。世界の国々も米国の単独行動主義から距離をとり始めている。

日本だけが、米国の忠実なしもべとなり、「思考停止の日米同盟」とも言うべき状況にある。日本は北東アジアの平和と安全保障の問題を真剣に考えねばならない時期にきている。しかし、拉致問題をきっかけにして、日本における議論は、対北朝鮮強硬措置を主張する勢力にいわば「拉致」されてしまった。

本章では、二〇〇二年秋の韓国訪問レポートも収録し、北東アジアにおける平和と安全保障の意義と課題について触れている。

# 最悪の行為に最悪の対応——二〇〇一年九月一七日

九月一〇日から四日間、大阪市立大学大学院で集中講義（平和論特講）をやった。院生たちの問題意識は鋭く、拙著数冊を解読して、詳細な報告をしてくれた。実に新鮮な知的刺激を受けた。二日目も終わり、ホテルに戻ってニュースステーションを見ていると、台風関連ニュースの合間にCNNの映像が流れた。ニューヨークの世界貿易センタービルから煙が出ている。夏休み中の久米宏キャスターの代打の女性アナが、無表情でメリハリのない司会を続けていた。「他にもお伝えするニュースがありますので」と、緊張感なく通常のニュースに移った。

翌日の授業で知ったのだが、一人の院生は、女性アナのその態度をみて、テレビを消してしまい、翌朝まで事の重大性に気づかなかったという。私はビルの巨大な裂け目に注目した。内部の爆破ではない。ようやくテレビ朝日も緊急モードに移行。私は深夜までテレビを見つづけ、早朝、毎日放送報道部からの電話で飛び起きた。そして、出張先でラジオのニュース番組に生出演するはめに。正味二五分間、率直に私の意見を述べた。「米国を全面的に支持」という小泉首相を、フライングぎみの軽率発言と批判した。だが、視聴者の反応は予想以上に激しく、「小泉首相は米国に武力で協力せよ」から「テロに関与しそうな外国人を日本国外に退去させよ」といった声まであった。

この事件に対する私の態度は明確である。それは、民間機を「人間爆弾」に仕立てた市民の無差別大量殺戮にほかならない。世界貿易センタービルには、世界中の企業・団体のオフィスがある。日本のメディアでは、日本人の行方不明者に関心が集中するが、AFP通信のリスト（九月一六日付）を見ると、死者・行方不明者はドイツ七〇〇人以上（追加注・朝日一七日付夕刊では二七〇人）、イギリス二〇〇〜三〇〇人、コロンビア一九九人、トルコ一三一人、フィリピン一一七人と続く。バングラデシュ（五〇人）やカンボジア（二〇人）などの貧しい国々も含まれている。アメリカ以外で四二カ国（追加注・同四八カ国）。ヒンズー教徒もイスラム教徒もいる。（一七七ページ注参照）

これは単なる反米テロではない。世界の市民が犠牲になったのだ。ピッツバーグ近郊に墜落した飛行機には、早大二年生も搭乗していた。テロを計画し実行した者に対する怒りは深い。法の手続に従い、厳正に処罰されねばならないことは当然である。

ただ、ここで敢えて指摘しておきたい。大惨事を招いた背景には、実はブッシュ政権の政策もからんでいる。父親のジョージ・ブッシュ大統領が起こした湾岸戦争。フセインをクウェートにおびき出して、大軍で叩く。その本質は、「挑発による過剰防衛」（ラムゼイ・クラーク米元司法長官『ジョージ・ブッシュ有罪』柏書房参照）である。長期の経済制裁の結果、独裁者フセインはいまだ健在。他方、何の罪もない五〇万ものイラクの子どもたちが死んでいる。湾岸戦争は、ソ連なきあと、アメリカの一極支配を中東の石油に及ぼすための手段にほかならなかった。

あれから一〇年。息子は地球温暖化の京都議定書の実現を妨害し、ABM（弾道弾迎撃ミサイル）制限条約からの脱退、イスラエル強行派政権のテコ入れ等々、「力の突出」が著しい。それに対して、無差別テロという「力」で対抗してきたのだ。「挑戦招いた『力』の突出」（『毎日新聞』九月一三日付）。父親の行いのツケは、いま、こういう形で息子に跳ね返ってきた。

フロリダ州パームビーチ郡の票の再集計で辛うじて大統領になったブッシュ・ジュニアは、数週間前にテロ警告がなされているにもかかわらず、「その時」、フロリダ州の小学校を訪問していた。またもフロリダ。元テキサス州知事のブッシュ・ジュニアは、支持率上昇の好機とばかり舞い上がった。「ボキャブラリーの貧困」は歴代随一と言われるだけに、繰り出す言葉は派手なことこの上ない。ついに「二一世紀最初の戦争」という言葉を使ってしまった。悲惨な事態を何とか鎮静化させるのが政治の任務。しかし、父親のもとで統合参謀本部議長をやった人物を国務長官にすえ、新保守の側近でかためた。冷静な外交は望むべくもない。ひたすら「軍事報復」の道をひた走っている。軍事報復は、厳密には武力復仇である。アメリカは自衛権については非制限説をとり、イスラエルとともに自衛権行使の名による爆撃などを繰り返してきた。

だが、国連憲章は国際紛争の平和的解決を義務づけ（二条三項）、武力行使・威嚇を一般的に禁止した（二条四項）。二つの例外が、国連による強制措置（七章）と、個別的・集団的自衛権である（五一条）。先制自衛や武力復仇を認めない方向が世界の大勢だ。しかも、一九七〇年の国連総会で採択された「友好関係宣言」（決議二六二五）によれば、「国家は、武力行使を伴う復仇を慎む義務を有する」とした。

すでに国連安保理も総会もテロを糾弾する決議を採択したが、アメリカの武力行使への突進をいさめる国はない。武力復仇を、世論の支持のもとに既成事実化するのか。国際法秩序はいま重大な転換点に立っている。ロシアまでもが、旧ソ連時代のアフガン戦争のノウハウをひっさげ、一時はアメリカに協力すると表明した。

NATOは、集団的自衛権行使の「同盟事態」（NATO条約五条）を、創設以来初めて宣言する。NATO条約六条は武力攻撃の地理的領域を明示しているが、ユーゴ空爆開始後の九九年四月のワシントン会議で、「同盟国の安全利益」は領土への武力攻撃だけでなく、「テロ行為やサボタージュ、組織犯罪並びに生活上重要な資源の供給断絶」によっても生じうることを確認した。条約の明文改定なしの、かなり強引な目的・任務の拡大だった。九六年の日米安保再定義と同様、冷戦仕様の軍事同盟をポスト冷戦仕様にヴァージョン・アップしたわけである。かくして、今回、テロ攻撃に対して初めて集団的自衛権行使の可能性が出てきたわけだ。

ただ、アメリカ政府はまだ、テロ攻撃の後にNATOへの形式的申請を行っていない。その申請が一九のNATO加盟国政府によって一致して決定され、初めて「同盟事態」が発生する。重要なことは、NATO条約五条による「同盟事態」の発生要因は、「武力攻撃がなされた場合」であり、その「おそれ」を含まない。決定には、テロ組織の嫌疑だけでは足りない。信頼できる明白な証拠が加盟国に提示されねばならない。オランダ、ベルギー、ポルトガルは、現時点での「同盟事態」

の確定に慎重な姿勢を示している。

しかし、日本のメディアは、ＮＡＴＯが集団的自衛権行使に踏み切り、ブッシュ政権とともに参戦すると報じた。特に九月一三日午前九時五〇分から一〇時すぎのＮＨＫニュースは、「集団的安全保障」という誤ったテロップを出し続けた。国連の集団安全保障（敵を作らず、すべての加盟国で一致して違反者に制裁する）と、ＮＡＴＯのように仮想敵をもち、一加盟国への攻撃を全加盟国への攻撃と見なして反撃する集団的自衛権の機構とでは、まったく性格が異なる。こうした混乱は、アメリカの軍事突出を当然視する雰囲気をつくる。

では、テロとどう向き合うか。ドイツの平和研究者Ｅ・Ｏ・チェンピールの意見が興味深いので、その要旨を紹介しよう（taz vom 14. 9）。

今回のテロは、パルチザン戦争（正規軍に属さず、理念と土地を守るために戦う遊撃隊による戦争）が、グローバル化した現代世界に転用されたことを意味する。テロは第三世界の搾取に経済的原因をもつ。経済はグローバル化したが、政治はローカル化した。今、グローバル化が政治に跳ね返っているのである。

テロの実行者たちは、非合理的な過激派ではない。手段の選択は実に合理的で、固有の目標は復仇である。だから、西欧の政治家が暴力には暴力をという対応をするのをおそれる。イスラエルのパレスチナへのミサイル攻撃は、新たな自爆テロをもたらしただけだ。これが国際的規模で、恐ろしい結果をもたらす。第三次世界大戦ではなく、もっと悪いことに、「テロのグローバル化」である。

NATOのすべての構想は古くなった。それは「外からの」敵に基礎を置く。しかし、テロでは内側から敵がくる。防衛の古典的理念は役立たない。グローバル化したテロに関して、安全予防措置が改善されねばならないのは当然だが、しかし、自由よりも安全を重視することで、防空壕を作ることは避けなければならない。「テロはその根源を除去することによってのみ阻止することができる」という元アメリカCIA長官G・M・ゲイツ（一九九一〜九三年在職）の認識が決定的に重要である。

では、具体的にどうすべきか。まず、イラクを国際社会に復帰させねばならない。世界が理解しなければならないことは、安全を生み出すのは装甲車や防空ミサイルではなく、（富の）再分配である。（途上国への）開発援助だけが安全を生み出しうるのだ。

チェンピールは、「国家の世界」から「社会の世界」への転換を説く、ポスト冷戦時代の読解では知られた学者である。テロに対処する最も効果的な方法が、途上国への富の再分配であるという指摘は興味深い。もちろん、国際的な世論の圧力のもと、テロの実行犯を処罰することは当然だが、そこから先の長いたたかいは、決して軍事的なそれではなく、経済・社会的な問題の分野にある。アラブ内部のテロに批判的な勢力と連携し、テロを許さない世論を強化する。テロ集団を干乾《ひぼ》しにしていく。力の行使は、新たなテロに「栄養」を与え、テロの連鎖を生む。「『文明世界』が『野蛮』に対する戦争を遂行すれば、文明化された国家は、このたたかいにおいて、自らが『野蛮化』する危険が生ずる」というフランスの政治学者ピエール・ハスナーの言葉は示唆的である（Frankfurter Rundschau vom 14. 9)。

暴力には暴力を。ブッシュ政権の武力行使決議に対して、上下両院を通じて唯一反対票を投じたバーバラ・リー議員（民主党・五五歳・カリフォルニア州第九選挙区）は、アメリカの良心と言えよう。彼女は、「どんなにこの投票が困難でも、私たちの誰かが抑制力を促さねばならない」と述べ、一歩退《ひ》いて慎重に考えることを求めた。テロの連鎖を防ぐためにも、いまが踏んばりどころである。しかし、浮足立つブッシュ・ジュニアのもとで、世界は戦争への道を歩み出そうとしている。

（注）「9・11テロ」の二年後、最終的な犠牲者の数は二七九二人とされた（『朝日新聞』二〇〇三年九月一二日付夕刊）。出身国は一一五カ国にのぼる（同二〇〇二年四月二三日付）

## 「限りなき不正義」と「不朽の戦争」——二〇〇一年一〇月一日

「政治の言葉は無責任だ」。ドイツ児童保護連盟会長H・ヒルガー氏は、ことさら過激な言葉を選ぶ政治家たちを批判した（taz vom 19. 9)。テロの根源とたたかうかわりに、「文化の闘争」や「十字軍」といった安易な言葉を用い、ことさらに「敵」像を表示する。「子どもたちはいま、エモーショナルにかき乱されている」とヒルガー氏は言う。子どもだけではない。テロ事件以降、メディアに飛び交う言葉は、人々の理性的判断を誤らせている。高校時代の作文（タイトルは「感情」）が零点だった人物の口から出た「最初の言葉」が、不幸の始まり、誤りの根源である。（ブッシュ大統領の爆笑デビュー」『週刊朝日』二〇〇一年一月二六日号）

多数の命を奪った卑劣なテロではあるが、戦争ではない。二〇世紀の人類の到達点は、戦争違法化である。「戦争は変わった」といって安易に武力行使を容認することはできない。戦争は国家に対する国家の力の行使であり、一定の集団が行うテロは、どんなに規模が大きくとも、戦争とは区別されなければならない。

ブッシュが「これは戦争だ」と叫び、直ちに報復を呼びかけた時から、すべてが狂ってきた。国際的な反テロリズムの共通のたたかいを呼びかけることは正しい。テロが一国で対処できる性質のものではなくなり、国際的な対処が必要なことも事実である。だが、テロを実行した者たちが潜んでいる（とされる）国に対して「報復」を行うことは許されない。「武力復仇」を克服し、これを禁止するのが国際法秩序である。「報復」で無辜《むこ》の市民を犠牲にすることは、国際法秩序を崩壊させるものと言えよう。

「作文零点大統領」の不用意発言は続く。九月一六日、彼は「テロに対する戦争」を「十字軍」といってのけた。私はのけぞった。失言でないとすれば、ブレーンは相当な「確信犯」である。ローマ法王パウロ二世が、三月から五月にかけて各地を訪問、ギリシャ正教やユダヤ教の指導者に対し、九〇〇年以上前の「十字軍」について謝罪したばかりではないか。エルサレムでは、法王との会見にイスラム教の指導者も同席した。「十字軍」は今風にいえば、「カトリック原理主義」による、軍事力を使った他宗教への抑圧である。法王の謝罪は、「千年単位の画期的な和解」への一歩になり得るものだった。それをブッシュが結果的にぶち壊すことになった。イスラム教の信者は全地球人口の六分の一、約一〇億人。これを敵にまわす最悪の構図だ。「ブッシュの報復」に警告を発したローマ法王の顔は苦渋に満ちていた。

一方、テロ指導者と目されている人物は、かかる状況を巧みに利用。「ユダヤ・十字軍への聖戦」を呼びかけた。イスラム教を悪用する一部のテロ集団を、イスラム世界で孤立化させるたたかいが求められているとき、ブッシュの一言一言は、反テロリズムのための国際的な連帯を傷つけるだけである。

言葉の誤用はさらに続く。米軍の作戦名は、当初「限りなき正義」（＝Infinite Justice〈『朝日新聞』〉。『読売新聞』は「無限の正義」と訳す）だった。しかし「限りなき」は神の意味をも含む。イスラム教では「アラーの神」に関わる言葉を米軍が使うことに反発が出てきた。「傲慢無知」とはこのこと。九月二五日にラムズフェルド国防長官が記者会見して、異例の作戦名変更を明らかにした。「不朽の自由」（Enduring Freedom）作戦（『読売新聞』は「不屈の自由」、時事通信は「不滅の自由」）。傲慢で独善的という点では、この言葉も根は同じだろう。

日本では、いつもは冷静なＮＨＫが、「大本営発表」さながらの、エキサイトした放送を展開した。「旗を見せよ」（アーミテージ国務副長官）という恫喝にたじろぎ、「湾岸の轍《てつ》を踏むな」という「乗り遅れオブセッション（強迫観念）」にとりつかれた外務官僚や政治家たち（与野党問わず）。首相の口からは、勇ましい言葉がポンポン飛び出す。「憲法の範囲内」と言ったかと思うと、「危険な所に出しちゃいかんでは話にならない」「武力行使と一体化しない後方支援」等々。自衛艦のインド洋派遣を防衛庁設置法五条一八号の「調査・研究」で正当化するなど、まさに「法恥国家」である。

国会に上程される対米支援新法は、国連決議を受けたタイトルや外見をとりながらも、実質内容は、米軍の戦闘作戦行動それ自体の支援を目的としている。周辺事態法までは、何らかの論理的「クッション」が工夫されていた。例えば、「後方地域支援」に、戦闘部隊に密接・近接した支援は含まれない。「後方地域」とは「現に戦闘が行われておらず、かつ、そこで実施される活動の期間を通じて戦闘行為が行われることがないと認められる我が国周辺の公海及びその上空」だからである（周辺事態法三条三号）。

だが、今回は「周辺」以外の公海や、他国の領土・領海まで想定されている。だから、新法は周辺事態法と異なり、「後方支援」というネーミングをあえて使った。だが、「後方支援」の本質は兵站支援にほかならない。兵站は戦闘部隊の武力行使と一体不可分である。敵対関係にある相手方は、補給部隊を攻撃し、補給路を絶つ戦法をとるのが自然だろう。ソ連が介入したアフガン戦争では、ソ連の後方支援・補給部隊からたくさんの戦死者が出たのは記憶に新しい。

「旗を見せよ」のイメージが先行し、湾岸戦争の時以上に、「はじめに自衛隊ありき」が露骨である。テロとたたかうため、どのような手段が必要なのかの合理的な検証なしに、自衛隊を出すことが自己目的化されている。その発想は湾岸の時と大差ない。違うのは、日本が戦闘作戦に実質的に参加することである。結論からいえば、新法は、「わが国の平和と独立を守り……わが国を防衛する」という自衛隊の任務・行動の原則規定（自衛隊法三条）と整合しない。従来政府がとってきた「自衛のための必要最小限度の実力」という解釈を維持する限り、その限度を超えるものは違憲となる。集団的自衛権の行使はその限度を超えると解釈されてきたが、今回、「必要の前に法はなし」とばかりに、憲法のみならず、これまでの日本の「防衛法制」とも整合しないことが実施されようとしている。テロ対策の名のもとに、市民社会における諸自由が制限される危険性も強い。米国同時多発テロは、この国の自由と民主主義のありように深刻な影響を与え続けている。

## アフガン空爆――またも特措法で「法恥国家」――二〇〇一年一〇月一五日

米軍用地特別措置法。一九九七年に大慌てで制定された法律だが、その正式名称は九六文字もある。米軍用地について、収用委員会の審理・判断を経なくても、国に使用権限が与えられる場合を新たにつくり出した。もともと米軍が強制接収した土地である。それを米軍に継続使用させるため、使用期限の切れた土地の「暫定使用」を強引に継続させたものだ。私はその法的手法を「法恥国家」と批判した。

『朝日新聞』一九九七年五月一日付夕刊文化欄に「沖縄が問う、この国の平和のかたち」という小論を書いたが、そこで「法治国家」「放置国家」「法恥国家」の三大話をやった。「放置国家」とは、琉球処分、沖縄戦、サンフランシスコ講和条約三条と、日本政府が一貫して沖縄を切り捨て、「放置」してきた事実に着目したネーミングである。「放置」の歴史のなかで、米軍用地特措法は、ご都合主義と恣意性という点で、まさに「法恥」と呼ぶにふさわしい。そして、いま「テロ対策特別措置法」(テロ特措法)。またぞろ特措法である。以下、『朝日新聞』オピニオン欄「私の視点」(一〇月一〇日付)に書いた小論を転載する。学会初日、ホテルに原稿依頼のファックスが届き、就寝前や帰りの新幹線のなかで執筆したものである。

## 「憲法の枠」超えた特措法案

一一三字の長い名称の法案を「テロ対策特別措置法案」と全国紙で比較的早く略したのは、二日付『読売新聞』夕刊(東京本社発行四版)四面だった。だが、一面は見出しを含め「後方支援法案」のまま。同じ日の紙面で法案名が不統一なのも珍しい。

小泉とビンラディンのＴシャツ（後者はインドネシア製）

ことほどさように、本法案について、政府の対応は二転三転した。当初の「米軍等の活動支援法」から「諸外国の軍隊活動支援法」へ。さらに軍事色を薄める装飾を施して、立法史上稀にみる長い名称となった。

※テロと紛争の混同利用

一般に、テロ対策立法は刑事法の領域に属し、警察・検察にかかわる事項が中心となる。民間人に大量の犠牲者を出したテロは、重大な犯罪行為であるが、当初から米国は、テロと国際紛争とを意識的に混同して対応した。本法案が、もっぱら米軍への軍事的支援を軸とする内容になっているのは、まさにその一面を国内的に利用したものにほかならない。

小泉首相は、本法案に基づく対米支援措置があくまでも「憲法の枠内」にあるという。だが、武力行使を実施する戦闘部隊の補給を担う行為それ自体、すでに武力行使と一体化しており違憲と言えよう。そのうえ、五日の衆院予算委員会で、本法案と憲法との関係について首相は「はっきりした法律的な一貫性、明確性を問われれば、答弁に窮してしまう。そこにはすき間がある」と答弁した。

そもそも憲法典は、権力担当者を抑制し、制限する手段として生まれたものであり、憲法の規範的枠組みは権力担当者によってこそ遵守されねばならない。憲法上疑義ある法律は、憲法の最高法規性の観点からその存在根拠を問われる。もはやそれは「憲法の枠内」ではなく、「憲法の枠のない」議論を展開しているのである。

ついでに言えば、自衛隊法三条は、自衛隊の主目的を「わが国を防衛すること」に置いている。この本則の改正なしに、「外国の領土」にまで活動範囲を広げることは、自衛隊法の「枠」をも超えるものだろう。

また、国連憲章五一条の自衛権も無制約ではないが、米国とイスラエルは、自衛権に関して「非制限説」をとり、かなり乱暴な拡大解釈を行ってきた。

## ※米国流の拡大解釈路線

今回、北大西洋条約機構（NATO）は初めて集団的自衛権行使の「同盟事態」（条約五条）を確認したが、そのNATO諸国（英国を除く）でさえ、米軍への協力の程度や態様に慎重さが見られることは注目されていい。このままでは、日本は米国流の拡大解釈路線を踏襲することになる。

その結果どうなるか。本法案が成立すれば、自衛隊の部隊などは、米作戦部隊と実質上一体の関係で、その「ロジ担」と化す。現代戦において戦闘部隊と支援部隊とは不可分の関係にある。テロ集団は、支援部隊にも、何の躊躇もなく攻撃してくるだろう。

「本八日未明、米英軍は戦闘状態に入れり」。かくして国会での審議も、「戦時の高揚感」のなか一気呵成に進む気配である。「憲法の枠なし」状態を加速させる本法案はただちに廃案にすべきである。

そして、国連を中心とした反テロの国際的な活動とともに、テロの根源にある貧困や差別などを除去するための社会基盤の整備にこそ力を注ぐべきだろう。

## 「一〇人の無辜《むこ》を処罰しても、一人のテロリストを逃すなかれ」――二〇〇一年一〇月二二日

超多忙で、ゆっくり原稿を書く時間がさらに制約されているため、今週も既発表の小論の転載でお許しを願いたい。『中国新聞』一〇月一八日付文化面に書いたもので、同紙が付けた主見出しは「米国の軍事報復安全優先、自由しぼむ」。

中国の古典『易経』に、「乱の生ずる所は、則ち言語を以て階をなす」とある。重大事態が起きて人々が混乱の極致にあるとき、人の上に立つ者、とりわけ政治家は、言葉を慎重に選ばなければならない。

「二一世紀最初の戦争」「十字軍」「限りなき正義」（九月二五日までの作戦名）等々。同時多発テロ直後からブッシュ大統領の口から飛び出す言葉は、感情丸出しの浮ついたもので、その一言一言が問題解決を一層困難にしている。

テロは重大な犯罪行為である。だが、それは国家間の戦争とは区別されなければならない。現在の国際法秩序のもとでは、軍事報復（武力復仇）は許されない。自衛権行使もきわめて限定された場面でしか認められない。だがブッシュ政権は、自衛権の強引な拡張解釈によって、テロとのたたかいを軍事報復に一面化した。ここにブッシュ政権の歴史的誤りがある。さらにブッシュは、反テロ「十字軍」という言葉を使ってしまった。この春ローマ法王が、九〇〇年前の十字軍遠征について、ユダヤ教やイスラム教の指導者に謝罪したばかりだというのに。まさに最悪のタイミングである。

とどめは、イスラム圏でアラーの神を意味するところの「限りなき正義」を作戦名に選び、すぐに撤回したこと。これでは、テロをなくすため、イスラム諸国も含め国際社会が一致団結するのを故意に妨げているとしか思えない。

大量の犠牲者を出したこともあり、米国の軍事行動を非難する国は少ない。だが、英国や日本などを除けば、米国の傲慢・強引な軍事報復行動を心から支持する国は決して多くはない。

「答えは？　憎悪でも復仇でもなく冷静な理性によってのみ、反テロ連合は『文化の闘争』と世界経済危機を回避できる」。これは、ヘルムート・シュミット西ドイツ元首相が高級週刊紙『ディ・ツァイト』（九月二七日付）に寄せた論文のタイトルである。シュミットは、ドイツ赤軍派（ＲＡＦ）によるテロ事件が続発した一九七七年当時、首相としてテロ対策を陣頭指揮した体験をもつ。そこでの教訓は、自己の感情を抑制し、冷静で実際的な目的合理性をもって行動すること。そのためには、緊張感をもった、真剣な忍耐が必要であり、世論をヒステリーから守らねばならないと説く。シュミットは、テロとのたたかいのなかで、基本法（憲法）が守られるべきこと、基本権や人権が効力を持ち続けることも強調する。この視点はいま特に重要である。

ブッシュとビンラディンの人形

九月一一日以降、米国を支持する諸国は、いつ起こるともわからないテロに対して、極度の緊張状態にある。一般に反テロ対策が強化されると、憲法上の人権が侵害される傾向は強まる。こうした傾向は、米国をはじめ先進諸国で共通に確認できる。たとえば米国では、盗聴強化や移民の検束などの動きがある。英国、フランスでも同様である。

ドイツで反テロ対策の先頭に立っているのがオットー・シリー内相である。彼はシュミット首相当時、赤軍派の弁護人を務め、当時の反テロ立法に強行に反対した人物である。四分の一世紀が経過し、元赤軍派弁護士が警察トップとして、反テロ対策強化の先頭に立つ。歴史の皮肉ではある。

シリー内相は、盗聴の強化や外国人の入国規制、公安・情報機関と警察との連携強化を推進している。身分証明書やパスポートに指紋を入れることや、外国テロ組織の宣伝をしただけで処罰できるように刑法の改正も準備中という。

政府だけでなく、市民のなかにも「安全」思考が強まっている。「自由」と「安全」が対立するなら、「安全」を選ぶ。各国の市民はいま、「自由」の縮減を甘受することも辞さないという構えのようである。だが、これでいいのだろうか。

英国の法諺《ほうげん》に、「一〇人の罪人を逃しても、一人の無辜《むこ》（無実の人）を処罰することなかれ」というのがある。英国を含め、過剰なテロ対策は、あたかも「一〇人の無辜を処罰しても、一人のテロリストを逃すことなかれ」と言わんばかりの勢いである。長い目で見れば、こうした動きは、テロそのものよりも、実ははるかに深刻な問題を市民社会に投げかけているように思われる。

## バークレー市議会のアフガン空爆反対決議――二〇〇二年二月二五日

研究室にある毒ガスマスクの「ラインナップ」に、韓国製防毒マスクが加わった。解説書には「国民防毒マスク」、「本製品は戦争ガス汚染地域及び火災現場から安全な所に避難する為の非常用防毒マスクです」とある。新品セットに浄化桶《じょうかとう》が二種類。火災用と戦争用である。出荷時は火災モードに調整されている。「使用上の注意」のトップ項目は、「マスクの密閉包装は有事時だけ開封して下さい」。戦争用浄化桶の対応ガスとして、CK（塩化シアン）とGB（サリン）が挙げられている。日本でも戦前は家庭に毒ガスマスクのある家が多かったので、年輩の方は記憶しておられよう。

もっとも、最近、小泉内閣は、「民間防衛」を含む「有事法制」第三分類の立法の検討を進めているから、各家庭に毒ガスマスク常備なんていう「民間防衛」施策が登場するかもしれない。冷戦時代への逆送、まさにアナクロニズムである。

際限のない「不安感」に便乗して、いつのまにか軍事費を一気に一五％も上げたブッシュ政権。日本でも、サリン事件や「9・11テロ」を経由して、市民の安全観は大きく変化している。安全のためには「金と力」を惜しまないという雰囲気も生まれている。「有事法制」も、大規模な部隊の侵攻よりは、テロなどに対する備えに主眼を置きつつあるようである。市民自身が毒ガスマスクで防護し、かつ、怪しい者は地域ぐるみで監視・捕捉する。こうして、安全を「金」と「力」に頼る傾向は一段と進むだろう。だが、市民の視点からみて、テロと真に向き合うにはどうしたらいいだろうか。

著者の防毒マスクコレクションの一部。旧日本軍・旧東独軍・旧ソ連軍・米軍など

全米が「ブッシュの戦争」に喝采を送っていた昨年（二〇〇一年）一〇月一六日。カリフォルニア州バークレー市で注目すべき動きがあった。その夜、バークレー市議会が、アフガニスタン空爆停止などを求める決議を挙げたのである。「ブッシュの戦争」に対して「挙国一致」的雰囲気が進むなかで、空爆停止を主張するのは勇気がいる。だが、決議の内容は戦争反対にとどまらなかった。決議のポイントは五点ある。

まず第一に、「9・11テロ」を糾弾し、犠牲者と救助にあたる人々への連帯を表明している。

第二に、アフガニスタン空爆を停止し、罪なき人々の命を危うくすることをやめ、米国兵士のリスクを減らすことで、暴力の連鎖を断ち切ることを求めている。

第三に、テロを共謀した人々を国際社会とともに裁判にかけるあらゆる努力をすることを求めている。

第四に、あらゆる国々の政府と協力して、テロリズムの温床となる貧困、飢餓、疫病、圧政、隷属といった状況を克服するために努力することを求めている。

そして第五に、「五年以内に、中東の石油への依存を減らし、太陽パワーや燃料電池などの持続可能なエネルギーへの転換をめざすキャンペーンに、国全体で取り組むことを提案する」。

この決議で注目されるのは、残虐なテロに度を失い、「力には力を」とばかりに報復に走るのではなく、あくまでも法的な手続きにのっとって事態に冷静に向き合うとともに、国際社会と共同でこれを実行していくことを求めている点である。「ブッシュの戦争」は国際法上の根拠を欠いた、裸の国家的暴力である。「戦後」処理も乱暴だった。拘束したアルカイダ兵士をキューバの米軍基地に移送。「不法戦闘員」という新しいカテゴリーを事後的に自作して、ジュネーヴ条約上の捕虜でもなければ、米国内法で裁かれる刑事被告人でもない特別な扱いのもとに置いている。

バークレー市議会の決議の第三の点は、こうしたアメリカの横暴に対する効果的な対案となっている。アメリカが「法による平和」を軽視し、勝手気ままに国家的暴力を振るっているとき、アメリカ国内から冷静な声が挙がったことは重要である。決議の第四点は、テロの温床となる諸原因の克服に対する積極的な視点を含むことである。第五点目は、中東石油の利権をめぐる争いがある限り、テロの最終的な根源はなくならないという認識のもと、太陽エネルギーなどへの転換を求めている。これら後の二点は、テロに対処し、真に市民の安全を守るために必要な根本的な方針と視点を提起しているように思う。私の言う「平和の根幹治療」につながる視点である。

圧倒的多数の人々が「反テロ・ヒステリー」状態に陥っているとき、一地方議会とはいえ、冷静な眼差しを失わずに問題と向き合っていることは、かの国の民主主義の発展にとってもきわめて重要な歩みと言えよう。

## たかが一人、されど一人――バーバラ・リー議員の反対――二〇〇二年三月四日

四年前に「もう一つの第九条」を書いた（一九九八年四月二〇日「直言」）。オリンピック憲章第九条一項「オリンピック競技大会は、個人種目もしくは団体種目での競技者間の競争であり、国家間の競争ではない」。

オリンピックの実態は、この第九条の内容とあまりにかけ離れている。オリンピックそのものが金と国家主義にまみれたスポーツショーとしての歴史をもつことは否めない。今回のソルトレーク冬季五輪は、一九三六年のベルリン五輪（別名・ナチス五輪）と並んで、五輪史上に残る「汚点」（あるいは本質）として記憶されるだろう。一九三六年八月一日、第一一回ベルリン大会は、ヒトラー

の開会宣言で始まった。ナチスはベルリン五輪を徹底的に利用した。ソルトレーク五輪でもまた、平和の祭典の理想とはほど遠く、「ブッシュの戦争」を正当化する露骨な演出が行われた。世界貿易センタービルの破れた星条旗を入場の際に使い、観客席も星条旗で埋め尽くされた。大統領ブッシュは米国選手団のなかに入って、米国礼賛の愛国的熱狂のなかで開会宣言を行った。米国の国歌が流れたとき、ブッシュとソルトレーク五輪組織委員長のロムニー会長は右手を胸にあてて敬礼したが、国際オリンピック委員会（ＩＯＣ）のロゲ会長だけは敬礼しなかった。

あまりに米国中心主義、愛国主義の突出に、世界は眉をひそめた。特にブッシュの開会宣言は、歴史に残る最悪のものだった。さすがのヒトラーでさえ、オリンピックの普遍主義への敬意を表したのに、ブッシュはオリンピック憲章で定められた宣言文の前に、「誇り高く、優雅なこの国を代表して」という愛国的な言葉を付け加えたのだ。オリンピック憲章六九条「開会式および閉会式」の細則一―九は、国家元首は開会宣言に、「私は○○（開催都市の名前）で開催する第○回オリンピック冬季競技大会の開会を宣言いたします」という短い文章を指定している。ブッシュはこの原則を破った。

この最悪の開会式は、その後の競技の中身にも反映した。判定における不正、米国優位の偏向判定は、世界中でテレビ観戦している人々の心を次第に冷えたものにしていった。米国にメダルをもたらして国威発揚をはかる演出のなか、オリンピックを政治的に歪めた罪は重い。オリンピック憲章第九条の理念が現実と乖離していることはわかっていたが、ここまで露骨かつあけすけにやられると、「こんなものいらない」のなかにオリンピックを含めたい気分になる。二〇〇八年北京五輪が中国の露骨な国威発揚の場として使われることが明らかなだけに、人々のオリッピック離れが加速するかもしれない。オリンピックのありようを根本的に問う議論が必要だろう。

とにかく「祭」は人を変える。市民や個人が突然「国民」になる。この束ねる機能の危なさは、米国自身が「ソルトレークの愚行」で示したことであるが、米国にも批判的な眼差しがないわけではない。前回の「直言」（一八八ページ参照）で紹介したバークレー市議会の決議のようなリベラルな傾向も、米国には存在する。あの9・11直後、ブッシュにテロ報復のための包括的な権限を与えることに対し、下院でたった一人反対した議員がいた。バーバラ・リー下院議員である。上下両院で全会一致という見出しを予定した新聞は、大慌てで「下院ではおおむね全会一致」に修正した。たった一人でも反対すれば全会一致ではない。米国が国際法違反の「ブッシュの戦争」に丸ごと賛成したのではないという良心の証として、リー議員の「たった一人の反対」の意味は限りなく大きい。このことは、テロ後の最初の「直言」で触れた通りである（一七七ページ参照）。

ちなみに、たった一人で戦争に反対したケースには先例がある。一九一六年、モンタナ州で米国史上最初の女性下院議員となった共和党のジャネット・ランキン。彼女は一九一七年、ウィルソン大統領が第一次世界大戦に参戦する戦争宣言に、下院でただ一人反対投票を行った。だが、翌年の下院選挙で彼女は落選した。その彼女は一九四〇年の選挙で再び下院議員に返り咲いた。そして、翌四一年、フランクリン・ルーズベルト大統領の対日戦争宣言の呼びかけに反対した唯一の下院議員となり、四二年の選挙で再び落選した。ランキンは、米国議会史上、二度の世界大戦に反対した唯一の議員となった（セクストン／ブラント『アメリカの憲法が語る自由』第一法規参照）。

国中が戦争に向けて「国民」的結束をするとき、これに反対するのは勇気がいる。ランキンも直後の選挙で落選し、再選されるまで二二年もかかっている。「リメンバー・パールハーバー」の熱狂のなかでは「非国民」にもなりかねない。彼女は再び落選して、議会から姿を消した。彼女は二度までも参戦に向けた国民的熱狂に水をさした。バーバラ・リーがランキンを意識したかどうかはわからない。しかし、米国史上、それぞれの局面で参戦に反対した下院議員が一人いて、しかもそれが女性であったという事実は興味深い。

たかが一人、されど一人。「国民」が突出して「個人」が消え入る雰囲気のなかで、いま、無数の個人の「小さな声」の大切さを思う。

## 「法による平和」の危機――二〇〇二年八月一九日

9・11テロからまもなく一年になる。ブッシュ政権の「暴走」はとどまるところを知らない。「そこまで言うか」「そこまでやるか」の数々。例えば、昨年（二〇〇一年）三月、地球温暖化をめぐる京都議定書から一方的に離脱を宣言。世界中の顰蹙《ひんしゅく》をかった。この八月、ツバルやナウルなど島嶼《とうしょ》一六カ国が、ブッシュ政権を批判した。これらの国々にとり、温暖化による海面上昇こそ「国家存亡の危機」にほかならない。地球温暖化対策は彼らにとっては「国家安全保障」なのである。だから、国際的な温暖化対策の足を引っ張るブッシュ政権は、まさに「安全保障上の敵」ということになる。

また、ブッシュ政権は、国際刑事裁判所（ＩＣＣ）の立ち上げにも抵抗している。この五月にはＩＣＣ設立のローマ条約への署名を撤回するとともに、米国人を裁判所に引き渡さないことを約束させる二国間協定締結を各国に迫っている。イスラエルとルーマニアは早々と二国間協定を結んだが、ノルウェーはこの要求を拒否。ＥＵ諸国にも反対の空気が強い。これに対してブッシュ政権は、協定を結ばない国には軍事援助を停止すると通告したという。まさに恫喝である。

こうした傲慢・横柄な姿勢を、ブッシュ自身の国語力不足に起因する「言い間違い」が増幅している。例えば、今年二月一八日、日米首脳会談後の記者会見でのこと。ブッシュは「不良債権問題やデバリュエーション（通貨切り下げ）を話し合った」とやり、東京外国為替市場が敏感に反応した。市場関係者の間に「円安誘導をしたのでは」との噂が走り、円売り、ドル買いに動いた。数十分後、米国政府から正式に、大統領の発言は「デフレーションの言い間違い」との発表があり、円安へのブレは数十銭単位でおさまったという（『朝日新聞』二月九日付経済面）。議会でも、「われわれは決して間違わない」というところ、「われわれは間違うであろう」とやった。あまり報道されなかったが、ことが戦争に関わることだけに、笑ってすませる問題ではない。本当は「言い間違い」などではなく、この人物の存在そのものが間違いなのだが、ここでは立ち入らない。

「世界の警察官」と言われてきた米国は、今や、自国の利益を害するおそれありと判断した国や人物を自ら「処分」する「世界の警察官兼検察官兼裁判官兼死刑執行人」になろうとしている。独立宣言や合衆国憲法によって、世界に立憲主義や法の支配の考え方を広めてきた米国。それがいま、法を破る先頭に立っているのだ。「法による平和」の破壊者としての役回りは来週の「直言」で述べることにして、今回は米国内の話をしよう。

9・11テロ以降、米国内では、愛国法などにより、刑事手続上の権利を中心とする人権侵害が常態化している。キューバの米軍基地内の収容所に入れられたタリバンやアルカイダの残党は、戦時捕虜でも刑事被告人でもなく、ブッシュご一党が勝手な論理をひねりだして特別の扱いをしている。タリバン残党とともに身柄拘束された米国人は、国内の米軍艦船内の独房に拘束され、弁護人の接見も許されていない。彼が米国市民である以上、合衆国憲法および法律に違反する行為だが、弁護人抜きの、軍艦内身柄拘束が続いている。

こうしたはちゃめちゃな動きに対する抵抗も存する。「ブッシュの戦争」を批判したバークレー市議会決議や、カリフォルニア州選出のバーバラ・リー下院議員の「たった一人の反対」についてはすでに紹介した（一七七・一九二ページ参照）。今回は、オレゴン州ポートランド市警察のマーク・クロカー署長の話をしよう。この人物のことは、昨年（二〇〇一年）一二月一一日、朝日新聞アメリカ総局の三浦俊章記者によって初めて日本に紹介された（『朝日新聞』一二月一一日国際面「世界発２００１」）。

テロ後、ＦＢＩは全国各地の警察に対して、五〇〇〇人のアラブ系留学生に対する実質的な捜査協力要請を行った。オレゴン州には、具体的な容疑もないのに、人種だけを理由に特定の人々に尋問することを禁ずる法律がある。ポートランド市警はこの法律を根拠に、ＦＢＩの要請を拒否した。警察署には、「テロリストが好きなのか」といった抗議メールがたくさん届いた。

クロカー署長は言う。「私は法律に従っているだけだ。長い警察官生活の中で、法を破ってでも行動しろ、と世論が求めたことはこれが初めてだ。……権力には責任が伴う。権力を規定するのは法律だ。ムードが変わったからといって、その法を踏みにじることはできない」。

ここで三浦記者は重要な質問を発する。「なぜそこまで固い信念をお持ちですか」と。クロカー署長は答える。「ボスニアやルワンダで、文民警察官として働いた経験から得た教訓です。オレゴン州くらいの大きさしかないボスニアでは二五万人が戦争で死んだ。ナショナリズムや民族の価値が、法の支配より優先したからだ。……ルワンダでは、対立するフツ族の囚人二〇〇人を監視しているツチ族の警官に会った。彼は家族全員をフツ族に殺された。『囚人に復讐したいか』とたずねたら、彼は『私はすべてを失い、持っているのは法だけだ。法を曲げたときに何が起こるかを我々は学んだ』と答えた。……法の支配という理念は米国に深く根付いている。我々は国民として、長い時間をかけて法の支配の大切さを学んできた」。

この記事に対する直接の反応としては、名古屋市に住む六八歳男性の投書「権力持つ者の勇気ある決断」しかない（二〇〇一年一二月二一日付『朝日新聞』名古屋本社版）。この投書は、残念ながら朝日新聞名古屋本社管内の限られた読者しか読むことができなかった。

私はテロ後、この記事のことを、法学や憲法の授業の冒頭で触れ、また講演のたびに紹介してきた。ある学生は、この記事を法学の教科書の裏表紙に貼っているとメールで伝えてくれた。この記事は、テロ後の「もう一つのアメリカ」を伝える貴重なエピソードであるとともに、「法とは何か」、「テロにどう立ち向かうか」というテーマを考えていく上での最良の教材であると言えよう。なお、9・11テロ一周年のポートランド市警クロカー署長の「その後」を知りたいのは私だけではないだろう。後日談が待たれるところである。

## 「ブッシュの戦争」パート2に反対する——二〇〇二年九月三〇日

ジャン・ボードリヤール『湾岸戦争は起こらなかった』（紀伊国屋書店、一九九一年）を一一年ぶりに再読した。書庫の奥に眠っていたものだが、内容はいささかも古くなっていない。9・11テロ以降のチョムスキーの文章のような、シニカルで鋭い指摘は、まさに今に通じるリアリティをもっている。同僚の塚原史教授の訳業だが、今回それも初めて知った。

「湾岸戦争は過剰な戦争（資金や武器等々の過剰）である。積荷をおろし、在庫を一掃するための戦争。部隊の展開の実験と、旧式武器のバーゲンセールと、新兵器の展示会つきの戦争。モノと設備の過剰に悩む社会の戦争。過剰な部分（過剰な人間も）を廃棄物として、処分する必要にせまられた社会の戦争。テクノロジーの廃棄物は、戦争という地獄に養分を補給する。廃棄物こそは、われわれの社会のひそかな暴力の表現なのだ――それは抑制不可能な排泄作用であり、モノの世界はそれによって損害を受けはしない」

この戦争を必要とした者たちをあぶり出す鋭い指摘の数々である。著者は、マスコミについてはこう批判する。

「情報は、知的誘導装置のないミサイルのようなものだ。標的にけっして当たらず（残念！　だが、迎撃ミサイルにも当たらない）、ところかまわず自爆するか、真空中に見失われ、予測不可能な軌道上を廃棄物として永遠に周回しつづける」

黒い油にまみれた水鳥の映像は、多くの人々に「フセインは環境テロリスト」というイメージをすりこんだままだ（実際は米軍の爆撃が原因だったのに）。フセイン＝環境テロリストというレッテルはこの一〇年、「軌道上の廃棄物」となっているわけだ。著者のむすびの言葉は実に深く、かつ鋭い。

「イラクは、客観的には、今回の対決にいたるまで、西欧の共犯者でありつづけた。イスラムの挑戦という象徴的挑戦、何ものかに還元不能で、危険きわまりないあの他者性は、サダム（フセイン）の企てによって、政治的・軍事的に一度ならず誘導され、あざむかれ、道を誤ったのである。西欧との戦いにおいてさえ、サダムはイスラムを飼いならす役割を演じたが、けっきょくイスラムの世界を、彼はどうすることもできないのだ。サダムの排除は、もしそれが可能だとしても、危険な抵当権を抹消することにしかならないだろう。真の問題、イスラムの挑戦と、その背後にひそむ、西欧世界に抵抗するあらゆる文化の形態が提起する問題は、手つかずのまま残っている。……世界的合意の覇権が強くなればなるほど、それが崩壊する危険も増大するのである。いや、危険というよりはむしろ、チャンスなのかもしれない」

「首領さま」の偉業を代を継いで発展させるという「世襲」をやったのはお隣の国だが、その国に「悪の枢軸」というレッテルを貼るブッシュ政権も、それとよく似た状況だ。親父ブッシュの悪行を、息子ブッシュが「世襲」して、いま、イラク攻撃に驀進《ばくしん》している。なぜ、ここまでしてイラク攻撃に固執するのか。それは、親父のやり残しを片づけるという「世襲」の儀式なのか。フセイン大統領自身が、「西欧の共犯者」だったことを考えれば、そのフセインを抹殺すれば、米国の暗い、陰惨な対イラク政策の過去を消し去ることができる。イラク攻撃こそ、まさに米国の不正義を隠蔽する行為にほかならない。核査察も国連決議も、「まずイラク攻撃ありき」の米国の前には、すべて追認の儀式と化す。

その意味で、『ニューズウィーク』九月二五日号のトップ記事は面白かった。タイトルは「怪物を育てたアメリカの大罪」。政権内最右派のラムズフェルド国防長官が、二〇年前、レーガン大統領の特使としてバグダッドを訪れ、フセイン大統領と「心からの握手」をかわした事実をすっぱ抜いたのだ。米国は、イラクに戦車などの兵器類を「供与」したり、炭疽菌などの生物兵器を製造できる培養基までも輸出したという。当時、米国はイランと敵対関係にあり、その「敵の敵」であるイラクは「味方」だったのだ。

一事が万事。息子ブッシュの寄り目ぎみの顔。その目と目の間の間隔くらい短いのが、米国の対外政策の射程である。当面の敵のために、かなり不純な勢力とも手を結ぶ。ソ連軍をアフガンから追い出すために、ムジャヒディンを育成・強化した。そして、当時育成した「自由の戦士」のなかには、今や「ナンバーワン・テロリスト」のビンラディンもいる。タリバン駆逐のためには、山賊同然のドスタム将軍派、北部同盟とも手を結んだ。かつては、イラン牽制のためにイラクを援助したのだ。短期で短気な対外政策。利用できるものは利用して捨てる。捨てられた者の恨みは深い。

このやり方の延長線上に、米世界戦略の転換がある。この八月の「二〇〇二年度国防報告」は、先制攻撃を排除せず、核兵器使用を含むあらゆる攻撃手段を辞さない方針を打ち出した。つまり、自分がつくり出した「怪物」たちへの恐怖は、何を援助したかを知っていることもあって、問答無用で叩かないと不安でたまらないのだ。息子ブッシュは、ＣＩＡ長官以来の親父ブッシュらの証拠隠滅を狙っている。そして、経済危機乗り切りのために、戦争需要を創出する。さらに、中東、カスピ海地域の油田の最終的な安定確保もある。

「ブッシュ大統領は石油の男であり、他には何もない」と言うのは、米国未来研究者のJ・リフキンである（Frankfurter Rundschau vom 9. 9）。カーター元大統領も、『ワシントンポスト』紙でこうブッシュを批判する（Freitag vom 20. 9. の独語訳から）。「現在、合衆国にはイラクからの脅威は存在しない」「この（ブッシュ政権の）一面的な政策は、我々がテロとの戦いで必要としている諸国から合衆国をいっそう孤立化させるものだ」と。

ボンの軍民転換センター（ＢＩＣＣ）の専門家もこう警告する。

「イラク軍が生物化学兵器を使えるとしてさえも、その危険は予測できるし、地域的に限定されたものだ。イラクはイランとの戦争の時と異なり、一九九一年の湾岸戦争の時に既存の大量破壊兵器を使用しなかった。おそらく壊滅的反撃を恐れてのことだろう。イラクは生物化学兵器の運搬手段を持っていないから、自分の領域を超えて使用できない。イラクが既存の大量破壊兵器の戦時使用に踏み切るのは、ただ一つの場合だけだろう。それは、バクダッドへの軍事攻撃が行われるような、フセイン体制が現実の脅威に直面する時である。それ故、外からの大規模な軍事攻撃による現存の脅威があってはならないのである。喧伝されている米国の主要目標は、大量破壊兵器の使用の阻止であるが、それは理由になっていない。……イラクにおけるいかなる戦争も、全地域を無統制に不安定化するだろう。……犠牲者の数も非常に多く、かつ地域への影響も計り知れない」

イラクにおける「ブッシュの戦争」を許してはならない。

# 日朝首脳会談と拉致問題——二〇〇二年九月二三日

歴史の扉が開くとき、それは軋みと痛みを伴う。これは、ドイツが統一した直後の一九九一年に、旧東ベルリンの中心部で生活した私の実感である（「ベルリン発緊急レポート」として『法学セミナー』に四回連載。拙著『ベルリン・ヒロシマ通り』所収）。当時、旧東ドイツ国家保安省（シュタージ）の悪辣で非人道的な行為が毎日のように暴露されていた。突然の失踪、拉致も行われた。「壁」を越えて西に逃げる若者を射殺した元国境警備兵。だが、旧体制のトップ（E・ホーネッカー）の責任追及はなされなかった。シュタージ文書も公開された。

当時、私が住んでいた近くに「ガウク機関」の事務所があり、そこで市民は自分に関する密告資料を読むことができた。しかし、そのファイルを開くことは、耐えがたい恐ろしい事実（例えば、密告者は夫か恋人か）を知ることになる。それに耐えられず死を選んだ人もいた。しばらくして、ヴァイツゼッカー大統領（当時）がシュタージ文書公開について抑制的な発言をして、和解をよびかけた。まもなくベルリンの壁崩壊から一三年になるが、冷戦により引き裂かれた傷はまだ癒えていない。

二〇世紀のドイツは、国民社会主義（ナチス）とソ連型国家社会主義（DDR）の二つの全体主義体制を体験した。その間、国民は指導者（党）への忠誠・完全服従を要求された。秘密警察の支配は、人々の間に疑心暗鬼と不安を増幅させた。いきおい、自分の保身のために、人を密告する者も現れる。そして拉致・監禁。密かに殺されたり、長期拘禁されたりして、家族が引き裂かれる事例は無数にあった。スターリンのＮＫＶＤ（内務人民委員部）が戦後、旧東ドイツでやった拉致と抹殺の歴史の一端は、ナチス時代の強制収容所の「再利用」という最も醜悪な形で、いまも確認することができる。

さらに、カンボジア・ポルポト政権下のキリングフィールドやツールスレーン収容所の惨状も記憶に新しい。R. J. Rummel, Death by Geovernment, 1994によれば、政府による自国民の政策的殺人は「デモサイド」（Democide）と呼ばれ、犠牲者は計一億二九五四万人に及ぶ。このうち、旧ソ連が五四七六万（一九一七―一九八七）でトップ。中国が三五二三万（一九四九―一九八七）と続き、北朝鮮は一二九万人（一九四八―一九八七）である。この数字には、ジェノサイド（民族虐殺）は含まれていない。

Rummelの数字にはいろいろと問題があるものの、全体主義体制のもとで、いかに多くの人々が拉致され、抹殺されたかをうかがい知ることができる。その際、末端で実行する者たちは、命令に忠実であっただけでなく、命令されなくても、率先して悪事に手を染めた。こうしたことは、全体主義体制のもとで共通して見られる。それはなぜか。

この点に関連して、『ビヒモス』を著したＦ・ノイマンの論文「不安と政治」（Angst und Politik,

1954）が参考になる（内山他訳『民主主義と権威主義国家』〈河出書房新社〉所収）。ノイマンによれば、キーワードは「不安の制度化」である。

「神経症的な不安をつくりだすことで、被指導者を指導者にしっかり結びつけて、指導者との同一化がなければ滅びると思わせるのは、指導者の課題である。その場合、指導者は犯罪指令をだすが、その集団にゆきわたっている道義心……によれば、こうしたものは犯罪ではなくて、基本的には道義的行為である。しかし良心は、旧来の道義的確信をなくすことはできないのだから、犯罪の道義性には抵抗する。したがって罪悪感は抑えられ、不安は爆発寸前の状況になるが、そうした状況は指導者に対する無条件服従によってのみ克服されえ、また新しい犯罪指令を強要する。これが、全面的に抑圧的な社会における不安と犯罪との結合の私の見方である」。権力を奪取した「退行的大衆運動」は、「指導者との同一化を維持するために、不安を制度化する。それには三つの方法がある。すなわち、テロ、宣伝、そして指導者に追従する人びとにとっては一緒になって犯罪をおかすことである」と。

「特殊機関の一部が妄動主義、英雄主義に走った」。北朝鮮（朝鮮民主主義人民共和国）の金正日総書記は、日朝首脳会談の席上、拉致の事実を認め、その責任を「父親の時代の部下」に押しつけた。何と白々しい、と思うだろうが、存外この発言は本音を語っているかもしれない。というのも、拉致は彼の指示・命令で行われた可能性が高いが、なかには、忠誠心を競うあまり、末端で率先して行われた場合もあったろう。だから「妄動主義」と「英雄主義」なのだ。後者は、明確な指示・命令はなかったが、末端の機関員が自分から進んで拉致を行ったことを含意する。北朝鮮でも「不安の制度化」が完成していたから、「指導者に追従する人びとにとっては一緒になって犯罪をおかすこと」（F・ノイマン）が名誉となる。そういう末端の「英雄主義」をあおる構造をつくり出した者の責任は重い。「秘書がやった。部下がやった」と責任逃れするのはどこでも同じだが、北朝鮮の体制からすれば、「部下がやった」ではすまない。

拉致について言えば、陸続きの韓国はひどかった。冷戦時代、北朝鮮に拉致された人々の数は七〇〇〇人以上。今も四八六人が北に拘束されているという。周囲を海に囲まれた日本の場合、常に船が使われる。海岸付近での行方不明者のなかに、どれだけ拉致被害者が含まれるか確認は相当困難だが、現在の一一名＋数名を上回ることは確かだろう。いずれにせよ、普通に生活している人々を拉致して、家族から引き離し、その人生を狂わせるような行為は絶対に正当化できない。

なお、今回、拉致被害者八名の死亡が伝えられたが、死亡日が同一だったりして、「処刑」された可能性が示唆されている。なおここで言っておくが、マスコミは「処刑」という言葉を使うべきでない。何の犯罪も犯していない人を、裁判抜きで、密かに抹殺することは、死刑という刑罰を執行するという意味での「処刑」ではなく、単なる殺人である。端的に、国家ないし政府による殺人（デモサイド）と言うべきだろう。

## ※「平壌宣言」を読み解く

さて、ここからが本論になる。まず、日朝首脳会談と「平壌宣言」をどう評価するか。日朝国交回復が成功すれば、戦後史、二〇世紀の歴史に関わる大きな事件となる。ただ、ここで確認しておきたいことがある。日本は、国家社会主義と封建制度のアマルガム（合体）のような国（私はかねてから「朝鮮君主主義臣民共和国」と呼んできた）を相手にしているということである。

本稿の前半でも書いたように、拉致を引き起こす構造的問題をもった国なのである。だから、拉致問題の責任追及といっても、通常の政治システムをもつ国のような国内的なチェックは期待できない。「世襲君主」は責任をとることはない。ただ、みんながそう思っていた矢先、首脳会談の席上、金総書記は、あえて「拉致」という言葉を使い、日本政府のリストにない人々の名前まで出し、拉致について謝罪し、責任者の処罰にまで言及したのである。

これを金総書記特有のタクティックス（戦術）ないしマヌーバー（謀略）と見ることも可能だ。感覚的な「指導」でならす金正日だけあって、意表を突く手法で日本側を揺さぶり、経済援助を引き出そうと賭けに出てきたと見られる。核問題やミサイル問題でも、驚くほどの柔軟性を示した。「平壌宣言」には、「日本国民の生命と安全にかかわる懸案問題については、遺憾な問題が今後生じることがないよう北朝鮮は適切な措置をとることを確認した」とある。これは拉致問題の再発防止への約束である。「拉致」という言葉がないと批判することは簡単だが、北朝鮮にここまで言わせた意味は小さくない。

9・17の日朝首脳会談の後に発行された記念切手

「双方は、朝鮮半島の核問題の包括的な解決のため、関連するすべての国際的合意を遵守することを確認した」「北朝鮮は、ミサイル発射のモラトリアム（凍結）を二〇〇三年以降も延長していく意向を表明した」。関連するすべての国際的合意の遵守ということは、核をめぐる国際的な査察を受け入れることを意味する。「平壌宣言」のこの件《くだり》は、今後のアジアの平和・安全保障にとって、決して楽観はできないが、重要な手がかりになる。また宣言には、「一〇月中に国交正常化交渉を再開する」とある。国内的チェックが期待できない国だからこそ、国際社会が見守る交渉の舞台で、拉致問題を含むさまざまな問題について、一つひとつ詰めていくことが大切だろう。

　だからこそ、外交にたずさわる者には、確実な情報、気迫と精神力、したたかでしなやかな思考と姿勢が要求されるのだ。今回の日朝首脳会談について言えば、ここまでこぎつけたことは評価に値する。だが、外務官僚の特殊なエリート意識や国民から遊離した生活感覚が、大切な場面でマイナスに働いたようだ。特に拉致被害者リスト公表、死亡日時の問題にそれが集中的にあらわれた。誰のための、何のための国交回復交渉なのか、という原点に立てば、もっと別の対応の仕方があったと思う。日頃の弱点は、ここぞというところに出てきてしまうものである。

死亡者の発表をめぐって、なぜ家族は怒ったか。この点、私は福田官房長官のミスキャスト性についても指摘したい。この人物は、人の心を傷つける言葉をポロッと吐く。彼は「小泉首相の前の首相」のもとでも官房長官をやっていた。当時の記者会見におけるあっけらかんとした発言の数々は記憶に新しい。一縷《いちる》の望みをかけた家族に向かって、例の調子で話したのだろう。福田氏の顔とともに、家族の怒りの深さが想像できる。生死はまだ最終的に確認されたわけではない。「まだ生きている」という拉致被害者家族の気持ちを少なくとも支持するという姿勢で、政府は交渉にあたる必要があろう。

その国を民主化するのは、その国の民衆である。ブッシュ大統領のように「政権の取り替え」を軍事力でやろうなどというのは愚の骨頂である。この事件を好機とばかり、軍備強化に走るのは正しくない。それよりも、民衆の生活を安定させ、民主主義の基盤を育てていく。そのためには、真にその国の民衆のためになる経済援助が必要である。だが、援助の垂れ流しはやめて、ポリシーのある援助をすべきである。半世紀にわたる「臣民教育」の結果、民主主義の定着には途方もない時間がかかることは明らかだ。でも、やがて生活水準があがり、インターネットも普及していけば、かの国も変わっていくだろう。拉致問題への怒りのあまり、国交回復交渉をご破算にしてはならない。拉致問題の全容解明、責任の所在の明確化、賠償や補償の問題なども、交渉のテーブルが確保されてこそ可能になる。

なお、六年前の九六年九月。当時の梶山官房長官が「有事立法」問題に絡んで在日朝鮮人を敵視する発言をしたが、それをテーマにしたシンポジウム（東京・水道橋）に招かれ講演したことがある。会場に着くと、在日朝鮮人がたくさん来ていた。主催者の名称は別のものだったので、少々驚いた。パネラーになった総連系の人物は、北朝鮮批判には根拠がないと一蹴したが、私は、人権カントリーレポートやアムネスティ・インターナショナル報告などをもとに、北朝鮮の人権侵害についてはっきり指摘した。そして、軍事力で外から威嚇するのではなく、時間をかけて内側から変えていくことが大事であること、現在の体制からすれば途方もなく困難な課題だが、そのためにも新しい世代の成長に期待すると述べた。

前列の方には若い人たちが目立ったが、真剣に聞いてくれた。終了後、エレベーターホールに向かう私のところに在日の若い人たちがきて、私の意見に賛意を表してくれた。そして、「共和国は変わるべきだと思う」と述べていたのが印象的だった。在日朝鮮人のなかにも、こういう世代が育ちつつある。こういう世代とも連携を強めて、ソフトランディングをはかっていくことが必要だろう。

残念なことに、拉致問題への怒りから、朝鮮学校の生徒たちに向かって「出ていけ」と言ったり、嫌がらせをしたりする不心得者があとをたたない。

朝鮮人強制連行という点で言えば、戦前の日本も「拉致国家」ということになる。その点について、「平壌宣言」で「痛切な反省と心からのお詫び」をした。その中身がこれから問われてくる。この会談と宣言が、どんなに限界と問題だらけの「歪んだ作品」であっても、これを手がかりにして前に進むべきだろう。そのためにも、歴史を後ろに戻さない冷静さが求められている。お互いの「過去克服」は、いまを改善し、未来を築くことにつながるのだから。

## 変わる三八度線・韓国レポート――二〇〇二年一一月一一日

一〇月二五日から二八日まで、「現代韓国の安保・治安法制の実証的研究」（代表・徐勝立命館大教授）の日韓共同研究プロジェクトで、ソウル大学で開かれたシンポジウムに参加した。わずか四日の短期滞在だったが、大変充実した内容だった。シンポジウムでの議論や、国防大学院での陸軍中将や佐官クラスの研究者との安全保障論議については後に触れることにして、シンポジウム前後に行われたフィールドワークについて、何回かに分けて書いていくことにしよう。

シンポジウム翌日は朝から抜けるような青空。気温はかなり低い。バスをチャーターして非武装地帯（ＤＭＺ）に向かう。ソウル市は非武装地帯からわずか四七キロ。北朝鮮の重砲の射程距離内である。途中、建設中の高層団地群が見えた。戦争が起こればひとたまりもない。三八度線の間近に多くの人を住まわせるという計画自体、戦車が再び三八度線を越えて行き交うことはないという前提に立っているとしか思えない。

渋滞もなく、一時間足らずでオドゥサン統一展望台に着いた。漢江《ハンガン》と臨津江《イムジンガン》の合流地点にあり、眺めはすばらしい。望遠鏡でのぞくと、北朝鮮の家や人々が見える。白いきれいな建物が並ぶが、この一帯は北朝鮮の宣伝村だそうで、金日成資料館や人民学校、対南放送基地などもあるという。このあたりには、忠誠心の強い人や軍人以外の人は住めないだろうことは容易に想像がつく。

臨津閣に向かう。食べ物屋やお土産屋が並び、遊園地のゴンドラまである。まさに観光地である。ただ、あらかじめパスポート番号を通知して事前に申し込みしなければならない。DMZに入る人数と、出てくる人数が一致しなければならないわけだ。一人ひとり、バスのなかで警備要員にパスポート提示を求められる。道路際には地雷注意の赤い三角マーク（これは万国共通）のほかに、黒いドクロマークもある。韓国兵の顔も厳しい。ベルリンの壁崩壊前に三度、東ベルリンに入ったことがあるが、そのときの国境警備兵の鋭い視線を思い出した。

一九七八年一〇月に発見された「南侵第三トンネル」に入る。長さ一六三五メートル。幅二・一メートル、高さ一・九五メートル。地表から七三メートルの地下に作られている。一時間で北朝鮮軍一個師団を侵入させられると解説パンフにある。どこも写真撮影は厳禁である。トロッコで下まで降りるようになったのはごく最近のことで、それまでは徒歩だった。ラッキーである。白いヘルメットをかぶって三人掛けの席に座り、ゴトゴトと音をたてて地下七三メートルまで降りた。途中狭くなっているところもある。トンネルは、削り方がかなり粗い。背の高い人ならかがむほど。実際には一・九五メートルもない。幅も心持ち狭く、ここを一個師団が一時間で通過できるとはとても思えない。一秒で一人が走り抜けるとして、三六〇〇人がやっとだ。

トロッコで戻ると、次の客が全員白ヘルをかぶって待っている。子どもやカップルもいて、「テーマパーク」のノリだ。ここでは解説する兵士は、英語と日本語と韓国語に分けてやっている。MP（憲兵）の腕章をしているが、観光ガイドのような仕事がもっぱらである。

お土産物を売る店では、北朝鮮グッズとしてお酒や食べ物などを売っているが、私のお目当ての「三八度線グッズ」は二種類しかなかった。一つは、DMZ鉄条網の断片である。朝鮮戦争五〇周年記念で、DMZから撤去されたもので、一五万六二五セット作られたうちの一つという。地元の坡州市長が、「本物です」と保証している。私のシリアルナンバーは002763。長さ一八センチだから、鉄条網の全長は二七・一キロということになる。もう一種類は、板門店・共同警備区域（JSA）の韓国と北朝鮮の警備兵の貯金箱である。顔はどう見ても、「ヤンボー、マーボー天気予報」のノリだ（日本テレビ系が入らない方面はご容赦）。

二〇〇〇年六月一五日の南北首脳会談以降、北朝鮮に敵対的な表現や映像などはめっきり減ったという。第三トンネル手前の展示館で見たDMZ解説映画にも驚いた。のっけから「朝鮮半島を南北に分断する軍事境界線。その両側に二キロずつ広がる非武装地帯は、野鳥をはじめとする自然の宝庫。世界に誇る貴重な動植物の楽園になっています」で始まる。北朝鮮を非難するイデオロギー

ＤＭＺ鉄条網の断片

的宣伝映画は、太陽政策を進める政府の意向で自然保護地帯ヴァージョンに差し替えられたという。展示館で、政府パンフレット「平和と協力を目指す太陽政策」を入手した。三八度線の鉄条網が開かれ、男女の子どもが踊る写真が何とも微笑ましい。二〇〇〇年九月一八日の南北間鉄道連結着工式の日に撮られたもので、「鉄条網に咲いた赤いバラ」で始まる「ヨーロッパピクニック計画」（一九九三年ＮＨＫスペシャル）を彷彿とさせる。

　このパンフで特に印象に残るのは、経済分野の記述だ。「自由の橋」を渡る京義線の電車の写真の横には、「将来、ＴＳＲ（シベリア横断鉄道）及びＴＣＲ（中国横断鉄道）と連結する。ヨーロッパとも連結可能」とある。「韓国は、休戦ラインから一二キロメートル離れた北韓の開城に六五〇〇万平方メートル規模の工業団地を三段階に分けて開発することにし、今年中に第一段階の工程に着手する」。

パンフに出ていた京義線の韓国側最北端、都羅山（Dorasan）駅を訪れる。兵士が各所に立って、写真撮影禁止を厳しく告げる。駅舎の中に入る。真新しい銀色の改札で駅員と並んで、三人の兵士が乗客をチェックしている。カメラのシャッターを切った。兵士の一人がキッと睨みつけた。やがて五両編成の電車は静かに出ていく。この路線は、今年四月一一日から営業運転が始まった。一日三往復だ。やがて、半世紀にわたって分断されていた南北の鉄道を連結する工事が完成すれば、政府パンフにあったように、中国横断鉄道とシベリア鉄道を通って、ソウルとロンドンが結ばれる日も夢ではない。島国日本と違って、韓国が大陸の一角にあることを改めて実感した。

なお、現在、非武装地帯（DMZ）周辺の地雷の撤去作業が行われている。この地帯には二〇〇万個の地雷が埋められているという。韓国側は非武装地帯周辺だけで一〇〇万個を敷設。朝鮮戦争当時だけでなく、キューバ危機の際にも大量に埋められた。対人地雷の犠牲者は一九九二年から九八年で死者四四人（うち民間人一九人）にのぼる（『朝日新聞』一九九九年八月二四日付）。北朝鮮はDMZから一キロ、韓国側は四キロにわたって地雷を敷設している。この点について、最終日に会った国防大学院教授（現役の陸軍大佐）は、「この地雷の敷設の仕方を見れば、北朝鮮がいかに攻勢的で、韓国が防禦的かがわかる」と胸をはった。北朝鮮には地雷除去技術がないので、韓国軍が地雷除去技術（英国製地雷除去装置MK―4）を援助するという。すごい変化である。「先生方は運がいいですよ。一一月一日から地雷除去作業が始まるので、DMZ周辺は立ち入り禁止になります」と案内の方に言われた。

朝鮮半島（韓半島）は、いろいろと困難は多いが、平和的な方向に着実に進んでいるという確信をもった。

## 在韓米軍地位協定の「現場」へ——二〇〇二年一一月一八日

ソウル大学でのシンポジウムのほかに、短期間にさまざまな人に会い、さまざまな場所に行った。第一日目、空港から直行したのは戦争博物館だった。国防省正面にそびえる、巨大な「護国の殿堂」（パンフより）。広場では伝統的な踊りや、流行の音楽に乗って女性兵士のバトン演技（ものは模造小銃）が行われている。ふと気づくと、私のすぐ後ろには若い兵士たち一〇数人が寄ってきて、一様に目を輝かせて女性兵士の演技に見入っている。身長一八〇センチの巨漢だが、顔は幼い。中学生もたくさん来ている。「軍隊に親しむ」ため、毎週金曜日に行われているという。米軍基地女性センター「トゥレバン」（米兵に被害を受けた女性の会）幹事の女性は、「こんな軍国主義的なところは来ません」と、私たちを案内するために初めてここを訪れたのだという。

「6・25戦争」（日本では朝鮮戦争）の展示がやはり圧巻だった。学校の校庭で、学生たちが北朝鮮兵と死闘を繰り広げる展示は鬼気せまる。「海外派兵室」というネーミングに思わず足をとめた。韓国はベトナム戦争に参加して多くの戦死者を出すとともに、荒くれ部隊がベトナム民衆を殺して悪名を馳せた。それとＰＫＯが一括して「海外派兵」として括られているのが面白い。

博物館の隣が龍山《ヨンサン》米軍司令部である。徒歩で見て回った。首都の真ん中に巨大な米軍基地がある点では、横田基地を持つ東京と同じだ。路上には、韓国の戦闘機動隊（警察だが軍隊的組織）がズラリと並び、通行人を威圧している。機動隊車両はコバルトグリーンで妙に明るく、よく見ないとそれとわからない。防護楯と鎮圧棒が剥き出しに置かれていた。

そのまま車で、市内の合同法律事務所へ。「民主主義のための弁護士会」に所属する、李貞姫弁護士（女性、米国の学位取得）と李碩兌弁護士（男性）に話を聞いた。二人とも在韓米軍問題に詳しい。

米韓相互防衛条約が締結されたのは一九五三年だが、在韓米軍地位協定（ＳＯＦＡ）が締結されたのは一九六七年である。その間、米軍犯罪について韓国側は何もできなかった。六七年以降も、米軍犯罪についての不平等性は際立つ。米軍の軍属や家族が犯罪を侵したときは、米軍が刑事管轄権を行使する。韓国側に専属管轄権がある場合でさえ、米国側が要請すれば韓国は管轄権を放棄する。刑が確定し、韓国の刑務所に収監中の米兵でも、米側の要請で本国に帰すことができる。公務中の犯罪は、第一次裁判権は米側にある。日本との違いで大きいのは、日米地位協定一七条が、日本側が起訴した後に、米軍の被疑者を身柄拘束できるのに対して、在韓米軍地位協定二二条では、判決言い渡しの後でないと韓国側は身柄拘束できない点である。

李貞姫弁護士は、具体的な数字を挙げながら、在韓米軍地位協定の不平等性について説明してい

戦争博物館に展示されている朝鮮戦争のジオラマ

く。二〇〇〇年の米軍犯罪の起訴率は七・四%という。最近、米軍基地問題について、一般民衆の関心が急速に高まっており、全国的にも基地反対運動や地位協定改定運動はかつてない広がりを見せている、と李碩兌弁護士はいう。9・11後にブッシュ政権が北朝鮮を「悪の枢軸」として挙げたことについて、韓国の民衆のなかに反発が起きているという。ブッシュ政権のイラク攻撃については、韓国世論は反対が圧倒的に強いという。米軍に対する怒りが大きく高まる契機となったのが、「尹《ユン》グミ事件」である。

一九九二年一〇月二八日。東豆川にある米軍専用クラブ従業員だった尹グミさんが殺害された。性器にコーラ瓶が、肛門には直腸にかけて二七センチもカサが突っ込まれ、全裸の遺体に白い合成洗剤の粉がまかれていた。目撃者の証言により、二日後に、米第二師団第二五歩兵連隊のマークル・ケネス二等兵が逮捕された。一九九四年に懲役一五年が確定した。

三八度線からの帰途、事件が起きた東豆川の第二師団周辺を取材した。東豆川市は人口七万三〇〇〇人。そこに米軍人一万人が常駐する。キャンプ・ケーシー入口には、この部隊の象徴であるインディアンの像が立つ。訓練を終えた車両が帰還してくる。重機関銃を搭載した高機動車も。周辺は「基地村」として、米兵の遊ぶ施設がまとまって存在する。ゲート前で地元市民グループが出迎えてくれた。一緒に基地村を歩く。米兵相手のバーや娯楽施設などが並び、ひと昔前の在日米軍基地周辺の雰囲気と似ている。

基地村女性支援施設「ダビタの家」へ。キリスト教会の牧師が中心になって運営している。売春婦関係の調査を行い、詳細な資料を保有している。若き日の前読谷村長山内徳信氏によく似た風貌の牧師さんは、尹グミ事件の凄惨な写真を示しながら、基地問題への取り組みについて熱く語ってくれた。売春婦は韓国人が少なくなり、いまはロシア人三〇〇人、フィリピン人三〇〇人だそうだ。ロシア女性と一緒にマフィアもやってきて、ロシア人関係の犯罪も増えているという。基地街が犯罪の巣となる構造的問題を抱えていることを実感した。エイズも広まっており、牧師さんはエイズにかかった女性の面倒をみる施設も運営しているという。

牧師によれば、尹グミ事件から一〇年後のいま、住民の基地への意識は変わってきたという。まず、基地は経済的に潤わない。周辺の店は他の地域の人が経営しているのが多い。住民は基地の周

キャンプ・ケーシー（米第２師団）に訓練を終えて帰隊する高機動車

辺に追いやられており、住民は基地撤去を求めているという。聞き取りが終わると、牧師は私たちを尹グミさんが殺された現場の部屋まで連れていった。徒歩数分で着いた。凄惨な殺人現場の部屋。さすがに写真は撮れなかった。周囲から女性が出てきて、怪訝《けげん》そうに私たちを見る。どうみても「客」になりそうにないなという顔をしている。目撃証言をした惣菜屋の横を通る。尹グミさんが殺された場所への狭い路地一本。ケネス二等兵はここでばっちり顔を見られたという。

　現地を訪問した日は、尹グミ事件一〇周年の追悼の催しが行われる日だった。それに参加するために市内に向かう。この近くでは、今年六月一三日に米軍装甲車が女子中学生二人をひき殺す事件も起きている。狭い通学路に巨大な装甲車が入ってきて、中学生をひき殺したため、住民の怒りは特に大きい。農協前の通りには尹グミさんと二人の中学生の遺影を掲げた祭壇が設けられている。通行人が次々に署名をしていく。中学生が数十トンの装甲車に押しつぶされて、脳漿《のうしょう》が流れ出した凄惨な写真がカラーで展示されている。公道上だが、尹グミさんの残虐な写真もカバーをかけて、立ち止まってめくれば見られるようにしてある。遺体の写真をストレートに出す点は、日本では考えられない。

女子中学生の事件は公務中の犯罪（業務上過失致死）のため、第一次裁判権は米側にある。だが、韓国政府は初めて、第一次裁判権の放棄を米軍に要求した。韓国側で裁判することを求めたのだ。だが、米軍が第一次裁判権を手放したことは一度もなく、この要求に応じる動きはない。市民の怒りは大きく、在韓米軍地位協定の改定要求となってあらわれている。

前述の李貞姫弁護士は、在韓米軍地位協定の改定要求として、①裁判権の韓国側への移行、②初動の段階で韓国警察が捜査権を行使できるようにする、③起訴と同時に勾留可能にする、④米軍人の過剰な保護を廃止する、⑤上訴権を確保する、の五点を挙げていた。同弁護士は、在韓米軍は韓国民の「公共の福祉」のために駐留していない、と在韓米軍駐留の正当性がないことを強調する。

なお、帰国後、自宅書庫の基地関係コーナーにあった徐勝監訳『駐韓米軍犯罪白書』（青木書店）を再読した。「軍事暴力文化、弱小民族に対する覇権支配に裏打ちされている（在韓）米軍基地の存在自体が犯罪である」という末尾の一文は、かつて読んだときは迂闊《うかつ》にも見落としていた。

沖縄では、九五年の少女暴行事件以降、日米地位協定改定の要求が高まり、県議会と県下全市町

尹グミさんと二人の中学生の遺影を掲げた祭壇（2002年10月）

村議会で改定要求決議が挙がっている。ドイツでは統一後、ＮＡＴＯ軍地位協定の改定が行われ、被疑者段階で米軍人の身柄拘束が可能となった。日米地位協定では、身柄拘束は起訴後であり、在韓米軍地位協定では判決（当然、有罪判決）が出た後である。韓国では、せめて日本並み、つまり、起訴後の引き渡しを求めている。日本政府は起訴前引き渡しを求めて交渉をすることを断念。米側の「好意的考慮」に期待して、運用に委ねた。この問題についての本土側の関心は低い。今後、韓国の状態を改善するためにも、日韓の市民が手を結ぶ必要があろう。その意味で、沖縄と韓国の問題意識の共有は重要である。

## 北東アジアの安全保障を考える——二〇〇二年一一月二五日

韓国レポート最終回は、ソウル大学法学部（正確にはソウル大学校法科大学）で開かれたシンポジウムについて書こう。これが今回の韓国訪問の主要な目的である。シンポのタイトルは「二一世紀北東アジア平和・安全保障情勢の変化と日韓の安保・治安法制の構造」。まさに「旬」のテーマである。日韓共同研究プロジェクトで参加したメンバーはすべてその道の専門家だが、韓国側の報告は、私にとっては特に興味をひかれた。韓寅燮（ソウル大学校教授）「韓国の軍事主権と人権」、李季洙（蔚山大学校教授）「韓国の軍事法と治安法」、張達重（ソウル大学校教授）「南北和解・協力と韓国の安全保障体制」の三本である。なお、日本側は山内敏弘一橋大教授、大久保史郎立命館大教授、豊下楢彦関西学院大教授の三人が報告した。

韓寅燮教授は、韓国における「軍事主義」の展開と、その社会的影響を歴史的に分析した。その際、長期にわたる「軍事主義」の支配を四つのレヴェルに分けて論ずる。①制度としての軍事機構、②強力な物理力の独占体としての暴力の濫用、③規律のメカニズムとしての軍隊、④イデオロギーとしての反共主義、である。

非武装地帯の臨津江（イムジンガン）にかかる橋。ここを通って南北をつなぐ京義線の再連結工事が始まった（2002年10月）

特に③は、成人男性の大多数が、軍隊という全体主義的統制施設において数年間を過ごすので、権威主義的位階秩序と命令体系に対する服従を体質化させることになる、と指摘する。国家保安法の果たした役割も詳細に検証しつつ、それが民主化後「枯死」したものの、「保安観察法」という形の「新生児」を残した点に注意を喚起する。

韓教授は、「何十年にわたる軍事体制は、一九八七年以降打撃を受け、市民社会を圧倒していた軍の力が退き、今では軍は兵舎にいるだけだ」と語る。ただ、「軍隊式の規律方式は再生産されており、市民の日常生活の思考方法に大きな影響力を及ぼしていること、それに代わるべき平和運動がまだしっかり成長しておらず、そのため、軍事体制の後退が、多様性と寛容を土台に置く人権価値の伸長にそのままつながっていない」と指摘しつつ、軍隊の存在と軍事主義が、依然として韓国の人権に及ぼす影響は楽観できないことを強調して、報告を結ぶ。若い頃に民主化運動で活躍した教授だけに、民主主義の定着への熱い思いが感じられた。

李桂洙教授の報告は、韓国の軍事・治安法の全体構造に対して、独自の視点から鋭く切り込むものだった。三〇代の若い教授だが、ドイツ留学中に得た、雑誌『クリティッシュ・ユスティーツ』(批判的司法) 関係の法律家とのコンタクトを活かしつつ、鋭い実態分析に基づき法構造の解析を試みる。李教授が最初の方で紹介したデータは重要である。すなわち、韓国では、毎年三〇〇人近い兵士が軍隊内で自殺や事故で死亡し、毎年五〇〇〇人近くが精神疾患にかかるという(ここ数年減少しているというが、ここ五年間の年間平均自殺者は一八八人)。徴兵制がもたらす社会的問題の側面と同時に、軍隊内の秘密的問題処理を、公正性と独立性を備えた機関によって調査していく必要性を説く。これは自衛隊内の自殺問題と防衛オンブズマンについての私の問題意識と重なる(五一・八四・八六ページ参照)。

李教授はまた、テロ対処などの軍隊の新しい役割は憲法的にどのように正当化されるか、という問題にも触れた。実にホットなテーマである。「軍事と治安領域の錯綜」というテーマも、この一一月一八日、陸上自衛隊北部方面隊と北海道警察との初の共同図上演習が行われただけに、実に参考になる。

なお、韓国には、「戦闘警察隊」や「維新事務官」という独特の制度がある。前者は、警察にもかかわらず、相手を殲滅すべき敵として扱う。後者は軍出身者を一般行政機構に採用するための制度である。また、民間人に対して軍人が職務質問することができるし、軍による対民情報収集活動（いわゆる民間人査察）も行われている。李教授は、こうした事例を通じて、軍が、憲法秩序に及ぼす否定的影響を明らかにしながら、正常な憲法秩序への復帰の可能性を探るのである。

私にとって、比較憲法的・比較軍事法的視点を踏まえた報告は大変刺激的だった。シンポでは、私もいろいろと質問した。

最後に報告した張達重教授は、南北首脳会談以降の状況を、「全面的対決関係」から「制限的対決」と「制限的相互依存」関係への発展と特徴づける。今後、南北が「全面的相互依存を通じた平和的関係」へと向かうことができるか。ドイツモデルが「冷戦に勝利するという形での吸収統一」だったのに対して、韓半島（朝鮮半島）でこれから起こる事態は、「冷戦を克服する過程での統一」であるとする。そのためには、①中国をはじめとする民主主義の波が北朝鮮に及ぼす影響、②国家間の変化（ハードステートからソフトステートへ）、③地域システムの変化、④各国の市民社会間の連帯、が大切であるとする。そして、難民や麻薬、テロ、環境問題などに、北東アジアの国々が共同で対処する。

そのなかで、この地域に多元的共同安全保障体制を立ち上げていく。張教授は、南北が「多元的な安全保障共同体を経て、ゆるやかな国家連合へ向かう」と予測しつつ、市民社会間の連帯の必要性を強調する。シンポジウム全体を通じて、北東アジアにも全欧安保協力機構（ＯＳＣＥ）のような地域的な集団安全保障の枠組を作っていくことの意義が浮き彫りになったように思う。

最終日に訪れた国防大学校（日本の防衛研究所にあたる）では、陸軍中将の総長をはじめ、現役大佐クラスの教授たちと、安全保障問題について率直に意見を交換した。中将は、日韓併合問題から話を始めた。そして、韓国軍は自由市場経済と法治主義に基づくと言い切った。教授たちとの意見交換では、北朝鮮問題の専門家やテロ・特殊部隊の専門家のほか、竹島問題の専門家も同席した。

「日本では『有事法制』の理由づけとして、北朝鮮の工作船やゲリラ・コマンド対処が言われているが」と私が質問すると、テロ対策の専門家の教授（陸軍大佐）は、北朝鮮の特殊部隊の活動が減少していることは統計的にも実証されていると述べつつ、一隻の工作船で大騒ぎをする日本の状況について冷やかな見方を示した。「北の脅威」についても、「過去の権威主義的政権があまりに過剰に脅威を煽り、『脅威の日常化』が起こっていた」と指摘。ソウルは三八度線からわずか四七キロ。北朝鮮の重砲の射程距離内にある。「五〇年間の繁栄を守るためには戦争をしてはならない。脅威はあるが、戦争を抑止するためにあらゆることをする」と、きっぱり言い切った。

「国防白書」を作成する際、「主敵」の表示についていろいろと議論されたというが、結局、二〇〇一年版から北朝鮮＝主敵としては載せていないそうだ。むしろ、日本の軍事大国化に脅威を感じているとの指摘もあった。日本の民間研究者との交流は、韓国軍として初めてという。竹島問題の専門家に出番はなかったが、日本との関係をかなり意識していることは確かだろう。

シンポジウムと国防大学校での議論は上記に尽きるものではない。今、メモやレジュメを読み直してみても、いかに充実した交流の場であったかがわかる。なお、徐勝教授の驚くべき人脈で、私たちがレストランで食事をしている時にも、著名な人物が次々と携帯電話で呼び出されて登場する。ハンギョレ新聞論説主幹やＫＤＩ大学院教授との交流もその一つ。ラフな恰好の人が食事中の私たちのところにあらわれ、その肩書を聞いてびっくり。彼らとの議論やシンポジウムの報告・討論を通じて、北朝鮮をいかにソフト・ランディングさせていくかという点では暗黙の合意ができていると感じた。

だから、北朝鮮が、拉致問題や核問題などで傲慢・強硬な態度をとることに過敏に反応しすぎるのは危険である。北朝鮮が謀略にたけた国であることくらい、韓国の人々は長い体験からとっくに分かっている。張教授が言うように、韓国では一部の極右を除いて、みなソフト・ランディングを求めている。金大中のあとに、どのような政権ができても、「太陽政策」の基本方向は大きくは変わらないだろう。そうした方向に、日本もできる限り協力すべきである。毅然とした態度で交渉を積み重ねるなかで、拉致被害者の問題の解決をはかると同時に、北東アジアの安全保障枠組みをつくる方向で努力することが大切だろう。

今回の韓国行きは、徐勝立命館大学教授の絶妙のコーディネートと、ソウル大助手や留学生の誠実なサポートのたまものである。充実した出会いと有益な時間を演出してくださった方々に改めて感謝したいと思う。

# ドイツの空（ＡＷＡＣＳ）と日本の海（イージス艦）——二〇〇二年一二月一六日

あと二週間で二〇〇二年も終わる。今年もいろいろなことが起こり、どんどん忘れられている。八カ月前の「直言」のボツ原稿をたまたま見つけた。その書き出しはこうである。

二〇〇二年四月に開かれたドイツ連邦軍司令官会同で、シュレーダー首相は、連邦軍の中東（イスラエル、ヨルダン川西岸地区）派遣をぶちあげた。あるドイツ紙は「歴史の無視」という評論を載せて、シュレーダー首相の歴史認識を問うた（Frankfurter Rundschau vom 10. 4）。なぜ中東紛争は起きたのか。イスラエルができたからである。なぜイスラエルができたのか。ナチス・ドイツが六〇〇万のユダヤ人を虐殺したからである。だから「ドイツは中東紛争の原因の一部であり、したがって、武器をもってする紛争解決の一部になるようなことを自分から申し出ることはできない」。9・11テロの結果、国際的な「テロとの戦い」のなかで、アフガンをはじめ世界各地に軍事派遣を拡大したのは、ドイツの「性急な服従」の結果である、と。

「対テロ戦争」でブッシュに対して「無制限の忠誠」を誓って、世界各地にかなりの数の兵を派遣したシュレーダー首相は、今年九月の総選挙前後から大きく転換した。対イラク戦争には「兵も金も出さない」という明確な態度表明を行ったのだ。この転換の狙いを、かつて米国務長官を務めたＨ・キッシンジャーは、ドイツの対外政策が対イラク問題を口実に、より自主的な方向へと転換されるに至った、と読み解く（『読売新聞』二〇〇二年一二月二日）。

統一ドイツの自主路線がどこまで実現するか注目されるところだが、ここへきて、また微妙な「ゆらぎ」をみせている。一つは、イスラエルへのＡＢＣ（核・生物・化学）兵器対処用装甲車フックスの派遣である。昨年（二〇〇一年）一一月の連邦議会決定に基づき、「国際テロとのたたかいのためにのみ」という限定目的で、クウェートにフックスを六両（人員五二名）派遣したのだが、この八月、連邦政府は、米国がイラク攻撃をした場合には、フックスを撤退させるという方針を明らかにした（taz vom 31. 8）。それが、ここへきて、イラクが化学兵器などでイスラエルを攻撃した場合に備えるという名目で、くだんの装甲車をイスラエルに派遣するというのだ。フックスは、戦闘能力よりも、放射能や毒ガスの除せん機能が売りである。

コソボ安定化部隊（KFOR）のドイツ軍兵士の腕章と日本の国際貢献ワッペン

一二月に入ると、ＮＡＴＯ軍のＡ《エイ》

WACS《ワックス》（空中早期警戒管制機）を対イラク戦に投入するか否かが焦点となってきた。ボーイング707の機体をベースにしたE—3センチュリーというタイプで、さまざまな国籍の一六人のコンピュータやレーダーの専門家が搭乗する。ドイツ軍人もオペレーターとして搭乗している。九〇〇〇メートル上空を時速八五〇キロで八時間以上滞空しつつ、五〇〇キロ圏内にいる四〇〇の飛行機や艦船を捕捉し、識別できる。一九八二年からドイツ・アーヘン近郊のガイレンキルヒェン基地に一七機が常駐（ドイツ軍人は一六〇人）。九一年湾岸戦争の際にトルコ（NATO加盟国）やボスニア上空に投入された。

9・11テロの後、「対テロ戦争」の一環として、米本土上空でドイツ軍人が搭乗するAWACSが警戒にあたった。口の悪い米国人は、第二次大戦後、ついに我々の頭上に初めて「ドイツ野郎」が飛んでいる、と言ったとか。そして今回、ドイツ連邦政府は、米国がイラク攻撃を開始したら、トルコ上空の警戒のためにAWACSを派遣し、そこにドイツ軍人が搭乗することを承認した。連立与党の「みどりの党」も、NATO加盟国上空の警戒という理由で、あっけなく認めてしまった。米軍機のドイツ上空通過と米軍基地使用も認める方向である。

だが、AWACSの機能からして、トルコ上空の警戒という限定した目的にとどまらない。トルコ上空から五〇〇キロの索敵が可能だから、イラク軍機の飛行状況を監視して、米英軍にその位置を通報して攻撃させれば、その指揮管制行為は戦闘行為と一体である。こうした行為は、侵略戦争を禁止した基本法二六条に違反すると批判される所以である（taz vom 10. 12）。なお、日本では、一九九四年にＡＷＡＣＳ導入が決まり、九八年からＥ７６７タイプ二機が、静岡・浜松基地に配備されている。

さて、「『ブッシュの戦争』パート2に反対する」という「直言」を三カ月ほど前に書いたが（一九九ページ参照）、危惧した通り、日本は真っ先に「参戦」の意思表示をしてしまった。ドイツの場合は、ＮＡＴＯのＡＷＡＣＳ部隊の一部を担い、かつＮＡＴＯ加盟国トルコ上空という二重のイクスキューズ（弁解）が可能である。だが、日本の場合は、イラク攻撃が展開されている作戦海域近くにイージス・システム搭載護衛艦（ＤＤＧ）「きりしま」（第一護衛隊群第六一護衛隊所属）を派遣するというものだ。一二月一六日、「きりしま」は横須賀基地を出航する。

このタイプのものを日本はすでに四隻もっているが、さらに二隻が追加される。値段は一隻一二五〇億円。全部揃えると七五〇〇億円にもなる。この艦は、スパイワン・レーダーを使い、三六〇度探知が可能である。探知範囲も空中なら五〇〇キロと、通常型護衛艦の五倍と言われる。同時に二〇〇以上の目標について、①探知、②追尾、③敵味方識別、④到達地点の計算、そして⑤最適な武器の選択、ができる。通常型護衛艦が追尾可能な目標はせいぜい一〇個というから、いかにすぐれものかがわかるだろう。艦対空ミサイルと一二七ミリ速射砲、高性能二〇ミリ機関砲（ＣＩＷＳ）を組み合わせれば、完璧な艦隊防空システムとなる。

そもそも日本のイージス艦は、米空母機動部隊の護衛の一翼を担うことを期待して導入されたといってもいい。艦同士で五〇キロ程度までは情報共有可能というから、日本イージス艦が五〇〇キロ西方をカバーすれば、イラクの国土の大半と紅海上空のイラク軍機を探知・追尾・識別できる。その情報を米軍に通報すれば、それに基づき米軍は攻撃態勢に入る。まさに武力行使との一体化である。これは従来の政府解釈からも正当化できないだろう。

かつてソ連軍が健在だった頃、米国は日本に対潜哨戒機ロッキードP3Cを一〇〇機揃えるように求めた。島国オーストラリアでさえ、全土防衛のために一〇機程度保有しただけなのに、狭い日本に一〇〇機はいかにも多い。米第七艦隊の対潜哨戒機を日本国民の税金で買わせたようなものだ。冷戦構造が崩れ、ソ連潜水艦探知任務がなくなってからは、宝の持ち腐れになった。先日、那覇空港に降りるとき、P3C八機が「翼を安めている」のを目撃した。近年沖縄に行ったとき、いつもズラッと並んでいたから、仕事がないのだ。

同じことは、イージス艦にも言える。艦内には、米軍が日本側に教えてくれない情報もあるという。イージス艦は米核戦略に組み込まれているから、すべての情報が日本側に知らされているわけではないのだろう。こうした事情も含め、イージス艦の派遣は問題である。ところが、「通常型護衛艦では艦内の空調がよくないが、イージス艦は居住性がいい」という新手の「理由づけ」により、派遣はあっけなく決まった。法的には、テロ対策特措法による実施要綱（二〇〇一年一一月二〇日策定）の変更という形をとった。

こうした小手先の変更で、日本は一線を超えた。自民党内にもイージス艦派遣に対する反対の声があるのも、この船のシンボリックな存在の故だ。このタイミングであえてこの艦を派遣することは、日本が「ブッシュの戦争」に英国に次ぎ三番目に熱心だという印象を与える。少なくとも、アラブ世界をはじめ、各国からはそう見られるだろう。ドイツの場合は、「ブッシュの戦争」から一線を画したというイメージが強く、トルコ上空のAWACSの注目度は格段に低い。ドイツの空（AWACS）と日本の海（イージス艦）。二つの象徴的な兵器が、「ブッシュの戦争」を目前にして、二つの国の明暗を分けようとしている。

## 戦争の世紀への逆走?――二〇〇三年一月六日

今年もよろしくお願いします。年末年始もない生活のため、年賀状欠礼をお詫びします。さて、新春第一号の直言は、いろいろと夢を語ってきた。ドイツで過ごした二〇〇〇年の正月、「21世紀の『ホラ話』」。昨年は学内問題について抱負を語った。今年は暗いスタートである。イラクに対する戦争が切迫しているからだ。ブッシュ政権は一月末を目指して、勝手にカウントダウンに入っている。「大量破壊兵器」の査察の結果がどのようなものであれ、米国は「最初に戦争ありき」だった。

三カ月前の「直言」に「『ブッシュの戦争』パート2に反対する」を出したが（一九九ページ参照）、マスコミの論調は、米国の単独行動には批判的なものの、イラク攻撃それ自体は仕方がないという気分が蔓延している。長期にわたる経済制裁の結果、イラク市民、特に子どもたちの状況は悲惨である。新たな戦争が起きれば、これら最も弱い立場の人々がたくさん死ぬことになる。

ブッシュ政権の突出に対して、欧州諸国は英国を除き距離をとっている。ただ、ドイツのシュレーダー政権の対米独自路線もだいぶトーンダウンしてきた。そうした欧州と米国との関係を、フランスの『ルモンド・ディプロマート』（二〇〇二年一〇月号）のラモネ編集長は「主従関係」と皮肉って、こう書いている（北浦春香訳）。

「帝国は盟友を持たず、封臣を従えるのみである。EU加盟国のほとんどは、この歴史的事実を忘れてしまっているようだ。我々の目に映るのは、EU諸国を対イラク戦争に巻き込もうとするワシントンの圧力の下で、本来の主権国家が衛星国家に成り下がった姿である」

そしてラモネは米国の単独行動主義を、「ヒトラーが一九四一年にソ連に対し、また同年日本が真珠湾の米国に対して仕掛けた『予防戦争』の再来である」と断ずる。それは、一六四八年のウェストファリア講和条約（一二六ページ参照）によって採用された国際法の大原則の一つである「国家はその他の主権国家の内政に干渉しない」という原則の廃棄であり、とりわけ軍事的に干渉しない。それが意味するところは、第二次大戦が終わった一九四五年に確立され、国連を監督役としてきた国際秩序が終焉を迎えたことだ、と。

ラモネによれば、米国の対イラク戦争の主要目的の一つは石油である。米国の長年の仇敵である石油輸出機構（ＯＰＥＣ）に対抗すると同時に、イラクを直接に支配すれば、イスラム過激派の聖域であるサウジアラビアから距離をとることができる。サウジを解体して、主要な油田地帯のあるハサ地方にシーア派主体の親米の首長国をつくることが狙いだ、と。

鋭い指摘である。昨年一二月四日、PEWリサーチセンターが世界四四カ国三万八〇〇〇人に対して行った調査（What the World Thinks in 2002）の結果、欧州を含め世界に反米主義が広まっていることがわかった。米国がイラク攻撃をする理由を問うた質問に、「米国はイラクの石油をコントロールしたいのだ」と答えた人は、ロシア七六％、フランス七五％、ドイツ五四％は当然としても、英国で四四％、米国で二二％という数字は何だろう。

「ブッシュの戦争」は石油のための、真っ黒な戦争だということは見抜かれている。この戦争には何の正当性も合法性もない。サダム・フセインの行いは非難されて当然だが、イスラエルだって三五年間、国連に対して挑戦的な態度をとり、大量破壊兵器を保有しているし、パキスタンも国際条約に反して核兵器を持ち、カシミール地方で暴力行為を行う武装勢力を支援しているではないか。いずれも米国の同盟国である。イラクだけにあまりに厳格な基準を適用することが「正義」なのか。加えて、米軍はまたぞろ劣化ウラン弾を使うだろう。その使用が特に子どもたちにどれだけ悲惨な傷痕を残すか。それを知りながら再び使用するのだから、まさに犯罪的とさえ言える。

すでに米国はドイツ政府に対して非公式に、ドイツ国内の米軍施設警備のため、一月末に連邦軍二〇〇〇人の派遣を要請したという（Die Welt vom 21. 12. 2002）。現在、ドイツには七万一〇〇〇人の米軍が駐屯している。特にラムシュタイン空軍基地はイラク攻撃の際には拠点となる。国連安保理決議一四四一号は、イラクに対して、国連査察に対する実質的な違反は「重大な結果」を招くと警告しているが、これは自動的に武力行使を授権するものではない。一月二七日に安全保障理事会が査察チームの報告書について審議する予定であり、一月二八日にブッシュは重要演説を計画中という。危ない一月末が迫っている。

ここへきて、フセインを育てたのは国連常任理事国を中心とする諸国とその企業だということが資料で裏づけられた。ドイツの新聞『ターゲスツァイトゥング』一二月一九日付は、「武器提供者の秘密リスト――サダム・フセインのビジネス・パートナー」という見出しで、「すべての国連常任理事国はイラクに兵器技術を売却していた」事実を明らかにした。

五つの常任理事国のうちの「少なくとも二カ国の企業」が国連決議に違反して、イラクとの直接的な軍事協力関係をもっていた。ロシアの三つの企業、中国の一つの企業が一九九一年の湾岸戦争後もなお、さらに一九九八年一二月中旬の国連査察チーム（ＵＮＳＣＯＭ）の撤退以降も、イラクに軍事物資を提供していた。同紙は、七〇年代中期以降にイラクの軍拡に関与してきている五常任理事国すべての企業名を明らかにした。それを見ると、米国二四社、中国三社、フランス八社、イギリス一七社、ロシア（旧ソ連）六社、オランダ三社、ベルギー七社、スペイン三社、スウェーデン二社、日本五社である。

なお、『ターゲスツァイトゥング』紙によれば、日本企業はすべて核兵器プログラム関連の企業にランクされている。具体的企業名は以下の通り。ファナック（FANUC・本社・山中湖畔）。ＣＮＣという工作機械を自動制御する頭脳部などのＦＡ商品とロボット商品の専門メーカーである。それから浜松ホトニックス（本社工場・静岡県浜松市）。電子管製品のメーカー。ＮＥＣ（日本電気。本社・港区芝）。言わずと知れたコンピュータ、通信機器、電子デバイスを作る一流メーカーだ。そして、和井田製作所という高精度の研磨盤をつくる工作機械メーカー（本社・岐阜県高山市）。リストにはもう一つ、Osakaという企業も載っているが、特定できなかった。

『朝日新聞』一二月二〇日付は、具体的な企業名を挙げずに、「東証一部上場の電気メーカー」が「八五年、汎用コンピューターを輸出した。合法的な取引で、ＩＡＥＡが九三年に発表したリストにすでに掲載されている」とのコメントを出したと書いている。私が企業名を公開したのは、これらの企業をことさらに非難するのが目的ではない。これらの企業も、ここまでイラクが追及されるとは想像だにしていなかっただろう。イラクに対する厳しい査察をイスラエルやパキスタンにも行えば、同じような企業リストはもっとたくさん出てくるに違いない。つまり、イラク叩きのダブルスタンダード性（二重基準）を浮き彫りにしたかったからにほかならない。

その時々の国際政治的対応と金儲けのために、イラクという怪物を作ってきたのは米国をはじめとする国連常任理事国と西側各国である。イラク攻撃はアフガン戦争同様、その証拠隠滅作戦なのだろうか。イラク攻撃を許してはならない。

## ヒトラーとブッシュ――二〇〇三年二月三日

ドイツ人にとって「一月三〇日」という日付は、ある特別な響きをもつ。先週の木曜日が「その日」だった。一九三三年一月三〇日、ヒンデンブルク大統領がアドルフ・ヒトラーをライヒ宰相（首相）に任命した。ドイツ各紙は「ヒトラー権力掌握七〇周年」に関する論説を掲載した。五紙をプリントアウトして読んだが、各紙のスタンスがそれぞれ出ていて面白かった。

保守系の『デイ・ヴェルト』紙は、「妥協の力」と題して七〇周年を論じる。今日、ドイツの状態は安定しており、民主的立憲国家に反対する左右両翼の有力な勢力も存在せず、右翼ポピュリズム（大衆迎合主義）の動きが他のヨーロッパ諸国（この筆者はフランス、オランダ、オーストリアを念頭に置いている）のなかで一番ないのがドイツである、と。そして、法に従う実直さや妥協・バランスを求めることが、政治的精神風土を特徴づけている。これは「ドイツの病」の兆候とされるが、まったく問題はない、と胸をはる。

これに対して、旧東独系の左派紙『ノイエス・ドイッチュラント』は、大学教授の長文の論説を掲げる。一九一九年のヴァイマール民主制の成立からヒトラー権力掌握の前年一九三二年までの間に、異なる政党の一一人の政治家が二三の内閣を組閣した。最後のシュライヒャー首相は八週間しかもたなかった。そして、ヒトラーが首相に。この論説は、一般に言われるような一月三〇日以前が善で、その後が悪というような分け方を排する。そして、第二帝政からヴァイマール民主制、さらにはナチス独裁に至る「連続性」に着目する。この教授が旧SED（社会主義統一党）系で、一九一八年のドイツ革命を「歪めた」ヴァイマール民主制も批判の対象となる限り、こういった論法になるのだろう。

リベラルな『フランクフルタールントシャウ』紙はヴァイマール民主制の「墓掘り人」として、フランツ・フォン・パーペンを紹介する。この人物は、ヒトラーが首相になる上で重要な役回りを演じた、共和国末期の首相である。在任中は、議会を解散し、緊急命令によって統治を行うとともに、危機を克服して「国民的再生」をはかることができるのは、ヒトラーを「飼い馴らして」、その協力を得た権威主義的政府だけだと考えていた。

ヒトラーはこのパーペンの戦略に乗ったかにみせて、最初はうやうやしく、しかし、次第に本性をあらわしていく。パーペンが所属した中央党を含む全政党を解散させ、政党新設禁止法を成立させるまで半年もかからなかった。ヒトラーを「飼い馴らそう」として政権に引き入れたパーペン。彼が「墓掘り人」とされる所以である。

ところで、二月二七日はドイツ国会（ライヒ議会）議事堂放火事件七〇周年である。この事件の翌日、大統領令で七つの基本権が停止され、共産党系の人物が一斉に逮捕される。翌月、全権委任法

（授権法）がナチスの賛成だけで制定される。法律の内容は、「法律は政府も議決できる」「政府が議決した法律は、憲法に違反することができる」という凄まじいものだった。

旧東独系週刊紙『金曜日』（Freitag）一月二四日号は、ブッシュ大統領が「9・11テロ」を利用しているのは、ヒトラーが国会放火事件を利用したのとまったく同じだ、と書いた。国会放火事件はナチスの謀略だったが、「9・11テロ」の真の首謀者が明らかにされるのはいつのことだろうか。

ついでに触れておくと、「ヒトラーとブッシュ」という対比を行って物議をかもした大臣がいる。よくあるやり方だ。昨年九月、ドイブラーグメリン法相が、「ブッシュは内政問題から目をそらそうとしている。よくあるやり方だ。かつてヒトラーもしたことがある」と発言したのだが、これに米政府が激怒。「ナチスから解放してやった米国に向かって何を言うか」という激烈なバッシングが起こり、法相は辞任に追い込まれた。彼女は人物・識見とも政治家のなかではトップクラスで、連邦大統領候補にノミネートされたこともあった。

なお、ブッシュが大統領になった直後に、ヒトラーをめぐる歴史的資料との関係でブッシュについて触れたことがあるが（二〇〇〇年一一月二〇日「直言」〈米大統領選挙の『幻の号外』〉）、誰もが二人について、最初は軽く見ていた。でも、二人とも「法による平和」の枠組みを、あれよあれよという間に破壊していった。その際、二人の演説に注目したい。ブッシュの言葉づかいのひどさは何度か触れたが、ヒトラーの演説もまったく無内容だった。だが、そのパフォーマンスは人々をひきつけていった。ヒトラーが演説の練習をしている写真がある。それを見ると、表情の作り方、身振り手振りまで相当研究していたことがわかる。同じく、ブッシュの言葉の「はちゃめちゃ」は、高校時代の作文の授業で零点をとっただけあって、年季が入っている。零点の作文は、「感情」というタイトルだそうだ。「感情」剥き出しの演説は、いまも昔も変わっていないということだろう。

とはいえ、一月二八日のブッシュ演説をテレビで見て、オヤッと思ったことが一つある。それは、演説に妙な抑揚がついていて、身振り手振りがいつになく激しかったのである。あたかも練習を積んだヒトラーのように。そして、「サダア〜〜ム・フセイン」と連呼するときの思わせぶりな表情と声のトーンは何だろう。ヒトラーが「ユダヤ人」(Jude)という言葉を使うとき、「ユ〜〜デ」とビブラートをかけるときの口調を想起させる。今回のブッシュ演説の不快感は、その内容の傲慢・横暴さだけでなく、戦争を煽動する人間に共通して見られる自己陶酔の表情とパフォーマンスのゆえだろう。

いま一番危険でない国はイラクである。なぜなら、世界中がここで戦争が起こってほしくないと願っているから。そして、いま一番危険な男は、戦争に向けて目がすわっているブッシュである。日本政府は、ドイツとフランスとともに米国に注文をつけるくらいの姿勢を示して、軌道修正しないと大変なことになるだろう。

## いま、そこで作られる危機――二〇〇三年三月三日

「サダム・フセインが武装解除しないのであれば、米国が武装解除するまでだ」（You disarm, or we will.）。二〇〇二年一〇月五日、ニューハンプシャー州で開かれたレセプションで米国大統領ブッシュが吐いた言葉である。「米国がイラクを武装解除させるまでだ」と言いたかったのだろうが、少し力みすぎた。信長・秀吉・家康の例えでいけば、秀吉型の「鳴かぬなら、鳴かせてみせよう、ホトトギス」というところを、ブッシュは、「鳴かぬなら、ボクが鳴いちゃう、ホトトギス」と言ったに等しい。

これは、「ブッシズム」を笑い飛ばす怪著『ブッシュ妄言録』（ペンギン書房）に出てくる「珠玉の迷言」の一つである。薄い唇をキッとつりあげ、薄ら笑いを浮かべ、額の皺の刻みを深くして、一言「ゲームは終わった」とのたまう。ジョークを体現したような人物が、「大量破壊兵器を世界一大量に保有する国」のトップに座っている。これこそが「いま、そこにある危機」だろう。そう考える人々が増えてきた。

三月二日のＮＨＫラジオ第一放送の「新聞を読んで」でも触れたが、英国のある世論調査で、「世

界の平和に最も脅威となる人物は?」という問いに対する回答は、ブッシュ四五%、フセイン四五%と同数だったという（『東京新聞』二月二四日付）。ドイツの有力週刊誌『シュピーゲル』（Der Spiegel vom 17.2）の世論調査によれば、「どの国が世界平和にとって最も危険か」という質問に対して、米国五三%、イラク二八%、北朝鮮九%という興味深い数字が出ている。多くの人がブッシュ（米国）に対して、「お前が危ないんだよ」といっているわけである。日本政府や一部学者たちが言う、国連決議なしでも米国を支持すべきだという発想が、国際社会の世論からいかにずれているかがわかるだろう。

さて、迷言・迷走の「世界一危険なバカ」（前掲『ブッシュ妄言録』の帯の言葉）が、何が何でも対イラク戦争を始めようとするなか、二月一五日、世界中で大規模な反戦デモが起こった。ロンドンで一〇〇万人、ベルリンで五〇万人、ニューヨークで一〇万人等々、合計「六〇カ国、一〇〇〇万人」という（『朝日新聞』二月一六日付）。ベトナム戦争時を上回るという評価もある。ベルリンのブランデンブルク門を軸に五〇万人以上が集まったといえば、「ベルリンの壁」崩壊につながる、一九八九年一一月四日の大デモを彷彿とさせる。伝統的な平和運動では、これだけの人を集められない。インターネットの可能性を示す出来事である。他方、この世界規模の反戦世論の盛り上がりの背後には、さまざまな思惑やねじれ現象が存在することも見逃せない。

前掲『シュピーゲル』誌の世論調査では、良好な対米関係を求める声は九%にすぎない。「米国は戦後、西ドイツの復興を助け、ワルシャワ条約機構に対抗して自由と民主主義を守ってくれたが、それ故に、米国に感謝する義務が今日もあるか?」という質問に対しても、「ノー」が六二％を占める。米国は自国利益だけを追求していると考える人は七六％に達する。もともと親米的なドイツでさえ、「将来も米国が重要な同盟国だと思う」という人が八％も減った。ブッシュがイラクに対する先制攻撃を始めれば、この数字はさらに跳ね上がるに違いない。反戦と反米ナショナリズムが共生して、ヨーロッパは、米国からの「離陸」傾向を強めている。米国が国連安保理決議なしで、単独で対イラク攻撃を行えば、ヨーロッパのみならず、世界中でこの傾向がさらに広まるだろう。

高級週刊紙『ツァイト』は、現在の反戦運動における「ねじれ」を指摘する（Die Zeit, Nr. 3 vom 16. 1）。ネオナチスと左翼の間では、反米、反イスラエル、親イスラム、反資本主義をめざす点で共通項が生まれている。ブランデンブルク門には、ネオナチ政党のNPDやDVU、さらには共和党までが参加していた。彼らは、「世界規模での米国の抑圧政策に対する抵抗」「(ドイツ）民族仲間はグローバルな西側権力の利益から免れて、自らの運命を自ら決断を下すべきだ」「我々は父親たちがそうであったように自由でありたい」「アメ公（Amis）は我々を第三次世界大戦に引きずり込むのか」といったスローガンを掲げた。

これを報道したのは、旧東独政権党系の民主社会主義党（ＰＤＳ）の新聞である（Neues Deutschland vom 19. 2)。極右勢力と左翼勢力が五〇万人集会・デモのなかで「共存」していたことに注意すべきだろう。他方、左翼勢力は、反米・反シオニズムの方向と、ナチの残虐さを糾弾する反ホロコースト（反イスラム）と親イスラエルの方向とに分裂した。左翼の一部は、ナチスのユダヤ人虐殺に反発するあまり、そのユダヤ人がつくったイスラエルを防衛することは、ドイツ人の道徳的義務であるとさえ言う。イスラエル防衛の必要を、ドイツ・ユダヤ人協会の幹部も公然と口にし、ブッシュの対イラク戦争を支持する。だが、ヒトラーからの解放の「恩」を大上段にふりかぶり、米国支持に強引にもっていく態度は非歴史的だろう。

二・一五デモを契機に、例えば、イタリアでは米軍基地への輸送コンテナー搬入に対して座り込み阻止の運動が起こっているし、ドイツでもライン・マイン米軍基地からイラク攻撃に飛び立てないように、非暴力の多様な抵抗が準備されている（taz vom 22. 2）。トルコ国会は二日、対イラク戦争のための米軍駐留を認める政府提案を否決した。

こうした流れのなかにあって、日本政府の姿勢は、何とも自主性のない、惰性的な国際関係の継続・維持しか頭にないようにみえる。いわゆる「日米同盟」＝日米安保体制の維持のために、無条件で「ブッシュの戦争」を支持するのは、とうの日米安保条約にも違反していることを知るべきであろう。安保条約一条にはこうある。

「締約国〔日米〕は、国際連合憲章の定めるところに従い、それぞれが関係することのある国際紛争を平和的手段によつて国際の平和及び安全並びに正義を危うくしないように解決し、並びにそれぞれの国際関係において、武力による威嚇又は武力の行使を、いかなる国の領土保全又は政治的独立に対するものも、また、国際連合の目的と両立しない他のいかなる方法によるものも慎むことを約束する。締約国は、他の平和愛好国と協同して、国際の平和及び安全を維持する国際連合の任務が一層効果的に遂行されるように国際連合を強化することに努力する」。

この文章を素直に読めば、ブッシュ政権が、フセイン政権転覆を目的として軍事行動を起こせば、それが安保条約一条に違反することは明らかだろう。米国の対イラク単独攻撃を支持することは、まさに「国際連合の目的と両立しない」し、それは国際連合の弱化につながるだろう。安保条約六条で「極東における国際の平和と安全の維持に寄与」するために基地を提供しているのだから、目的違反を理由に、沖縄や本土の在日米軍基地から航空機や艦船がイラクに向かうことを拒否することもできる。

いま、「国際の平和及び安全」を脅かす危機はワシントンで作られている。「いま、そこで作られる危機」を見抜く目が求められている。そのための第一歩が、対イラク攻撃の阻止だろう。

## 「湾岸トラウマ」?——必要な戦争などない——二〇〇三年三月一七日

政治や外交は、トップの姿勢で大きく動くことがある。例えば、小渕首相(当時、以下同じ)が対人地雷全廃の方向をいち早く選択した結果、陸上自衛隊は一〇〇万個保有していた対人地雷を全廃した。二月八日、最後の二五個を、饗庭野《あえばの》分屯基地(滋賀県)で行われた記念式典で処理し、廃棄を完了した。日本は対人地雷のない国になった（対戦車地雷はまだあるが）。ほとんど評価するところのない首相だったが、対人地雷全廃のテンポについては、彼の力に負うところ大である。政治の力としては、薬害エイズ問題における菅厚生大臣の行動、ハンセン病訴訟における小泉首相の「控訴せず」決断などもある。田中真紀子外相があのタイミングで暴れなければ、外務省の実態について国民がここまで関心をもつことはなかっただろう。

官僚が抵抗しても、時に政治家がそうした決断を行うのは、世論とそれを受けた（あるいは先取りした）マスコミの力である。「世論の風に乗る」。これは政治家の本能ないし感性と言えるだろう。官僚には決して真似のできないことだ。なぜか。政治家は四年に一度の選挙の洗礼を受けるが、キャリア官僚は一度の試験（現在は国家一種）で一生が決まるからである。政治家が世論（選挙民）に敏感なのは当然のことであり、他方、官僚は行政の継続性と安定性、組織の論理を重視することになる。官僚トップの次官になれる人物は、入省時の成績上位者である。一度の試験の成績が最後まで影響することは、一般人にはなかなか理解しがたい。

例えば、トップの成績で警察庁に入ったキャリアが二〇代後半（最近少し先になったが）で一度警察署長になるのだが、着任するのは警視庁本富士署と決まっていた。本富士署長会というのがあるが、メンバーは全員東大卒である。なぜか。本富士署の所轄が東大キャンパスだから。こんなキャリア独特の「慣行」が崩れて、ノンキャリアの署長が誕生したのは、ごく最近のことだ。警察不祥事への批判が高まらなければ、この「慣行」はまだまだ続いたことだろう。世間に通用しない官僚特有の論理と風習である。そこで思い出したが、外務官僚を呪縛するおかしな論理がある。「湾岸トラウマ」である。これがいま、日本の国際的地位を危うくしている。

一九九一年の湾岸戦争のとき、日本は米国中心の「多国籍軍」に一三〇億ドルも拠出したのに、戦争後、日本だけが評価されなかったと言われている。ブッシュ（父）大統領から首相官邸に直通電話（「ブッシュフォン」という）がかかってくるとき、海部《かいふ》首相（早大法学部卒）はビクビクだったようだ。ブッシュ（父）は日本に、湾岸への自衛隊派遣など、「目に見える貢献」を強く迫った。ブッシュが「YES or No?」と問うと、海部首相は思わず「or」と叫んだとか。米国からは「遅すぎる、少なすぎる」（too late, too little）と締め上げられ、オロオロして国際社会の笑い物になったというのが、彼ら外務官僚や与党政治家、一部の政治学者の「トラウマ」の中身である。

『産経新聞』系『夕刊フジ』（三月一二日付）によれば、今回の対イラク問題で、日本政府がいち早く米国支持を打ち出した背景には、「二度と遅れは許されない」という思いが、政府部内に強かったからだという。「トラウマー」の人脈は次の通り。

川口順子外相は湾岸戦争当時、商務担当公使としてワシントン駐在。外務省と首相官邸でイラク問題を仕切る人物は、二人とも当時、米国大使館勤務。西田総合外交政策局長と谷内内閣官房副長官補である。海老原北米局長は当時、中近東一課長。加藤良三駐米大使は、駐米公使。別所首相秘書官も米大使館勤務等々。政府中枢の「一二年前のトラウマ」が、世界も唖然とする、前のめりの対米支持の背景にあるというわけだ。

なお、官僚出身の川口外相の信条は、「耳順《じじゅん》」（論語の「六十而耳順〈六〇にして耳したがう〉」）だそうだから、聞くこと、理解することは抜群でも、政治家としての決断は今後も期待できないだろう。ブッシュに追随する官僚外相と官僚たち（特に原口国連大使はひどい！）、そして何も言えない小泉首相（慶應大学卒）。親父ブッシュに屈した海部氏と、ドラ息子とその取り巻きに振り回される小泉首相。ブッシュ親子への追随を競う「早慶戦」だけは願い下げにしたい。

はっきり言う。そもそも、この「湾岸トラウマ」そのものが勘違いなのである。ブッシュ（父）が起こした九一年湾岸戦争は、九〇年八月、米国がイラクにクウェート侵攻を仕向けた（「飛んで火に入る夏のフセイン」）、「挑発による過剰防衛」だった（ラムゼイ・クラーク元司法長官編著『アメリカの戦争犯罪』柏書房参照）。国連の圧力や仲裁（デクエアル国連事務総長、ミッテラン仏大統領など）を経て、ついにフセイン大統領がクウェートからの撤退を決意したとき、米軍のバグダッド空襲が始まった。だから、イラクのクウェート侵略をやめさせる目的のための「必要な戦争」ではなかった。

湾岸戦争は、国連安保理決議六七八号に悪のりした戦争だったため、「国連が死んだ日」とも言われた。あの湾岸戦争が「不必要な戦争」であり、冷戦後の中東の石油支配と再分割のために「必要な戦争」だったことは、かなり明らかになりつつある。だから、一三〇億ドルの戦費負担したこと自体が間違いだったのである。数々の謀略と情報操作を通じて、いまも民間人大量殺戮の実態が隠されている。

そうした戦争に対して、一二年前、「金しか出さない」と言われたが、本来、金も出すべきでなかったのである。ブッシュ親子による戦争犯罪にこれ以上加担してはならない。親父の時も露骨だったが、まだクウェート侵略という事実があった。今回は何もない。「テロ支援国家」から「大量破壊兵器」、そしてついには「フセイン体制の転覆」まで、戦争目的はくるくる変わる。「大量破壊兵器」を世界で最も大量にもつ国が、新たな大量破壊兵器(「史上最大の非核兵器」と言われる空中爆発爆弾MOAB)の実験のために戦争をする。これは「不必要な戦争」どころか、戦争犯罪そのものである。

いま必要なことは、米国から距離をとって、イラクに対する武力行使に一切協力しない立場を鮮明にすることである。日本としては、国連決議があっても武力行使には参加しない、「戦争が必要な場合もある」という立場からも距離をとる。そして、戦争という選択肢をなくす努力の先頭にたつ。これが日本国憲法をもつ日本が本来すべきことなのである。もし戦争になれば、世界中から、戦争への協力が「早すぎる、多すぎる」という非難と軽蔑を受けるだろう。国際法違反の戦争にそこまで深く加担すれば、国際的な不名誉は一二年前の比ではないだろう。その時の「湾岸トラウマ」は深刻である。

# Ⅵ

# 「イラク戦争」・有事法成立・イラク特措法

## ◆この章をお読みになる前に

本章に収めたのは、二〇〇三年三月から七月までに出した「直言」一一本である。この四カ月間に、世界と日本の状況は大きく変わった。

「第二次世界大戦以後ではじめて、戦争に反対する大衆運動が、戦争中ではなく、それが起こる前に発生している」（E・W・サイード）。二月一五日（日）に、一〇〇〇万を超える反戦デモが世界中で行われた。特に西ヨーロッパでは最大級のデモとなった。J・ハーバーマスはこの日を、「ヨーロッパ再生の日」と呼ぶ。こうした世界的な反対にもかかわらず、三月二〇日、ブッシュ政権は戦争を開始した。これは、国連加盟国に対する明白な侵略行為である。五月一日に「戦闘終結宣言」が出されたが、イラク国内の戦闘では毎日のように犠牲者が出ている。

一方、日本国内では、「有事」関連三法案が九割近い賛成で成立した。「武力攻撃予測事態」という曖昧な概念のもと、国民の権利・自由の制限を含む「有事」システムが戦後初めて立ち上がったわけである。

さらに小泉政権は、米国への忠誠の証として、そそくさと「イラク特措法」を成立させた。この法律は、日本「防衛」から軸足を外し、外国の領域内で武力行使を行う可能性を想定した初めての法律である。その本質は海外派兵法である。イラクの「復興支援」が語られるが、「イラク戦争」で破壊されたのは、人類が多年にわたって作り上げてきた「法による平和」の仕組みそのものである。復興を語るなら、これも忘れてはならないだろう。

# 国際法違反の「予防戦争」が始まった――二〇〇三年三月二四日

三月二〇日午前一一時半すぎ（日本時間）、ブッシュ・ドクトリンに基づく対イラク「予防戦争」が開始された。国連安保理決議もない、一見きわめて明白に国連憲章違反の侵略行為である。第一撃はフセイン大統領の殺害を狙ったものだという。超ハイテク兵器を使った、一国の元首の暗殺。ブッシュはこれを「神の意思」という。当初は「九・一一テロ」との関係を強調し、次に「大量破壊兵器の脅威」を前面に押し出し、最後には、フセイン体制転覆（体制転換）が直接の目的とされた。米国に都合の悪い政権は、武力で取り替えるという宣言にほかならない。「イラクの自由」作戦という名称も、傲慢無恥の極致である。

三月初旬、ドイツ国防政務次官のW・コルボウが、「ブッシュは独裁者だ」と発言して物議をかもしたことがある。保守野党からは直ちに罷免要求が出された。しかし、本人は三月一〇日に訂正発言をして、米国の「一面的な決定の独裁」について語っただけだと反論した（Frankfurter Rundschau vom 11. 3）。「独裁者」（Diktator）ではなく、「独裁」（Diktatur）といったまでだ、と。ブッシュをヒトラーになぞらえたとして法相を辞任した人がいたが、この国防次官はなかなか腰がすわってい

「イラクの自由作戦」Tシャツ（開戦直後の３月24日、
ハワイ大学付近の売店で購入。水島ゼミ・村上一樹君提供）

る（二四二ページ参照）。ブッシュ政権は独断と独善、独行と独走、独演と独占のオンパレード、まさに独裁というにふさわしい。コルボウは間違っていない。

一六四八年のウェストファリア講和条約は、三〇年にわたる宗教戦争に終止符を打った。国家が暴力を独占し、国家主権をもつ国民国家が誕生した。それ以降、国民国家の連合体が二度の世界大戦を経て、国際連合という形で登場した。その国連による集団安全保障システムが、ブッシュらによって大きく傷つけられた。ブッシュが昨年九月に出した新戦略に基づく「予防的自衛」「先制自衛」の路線の具体化である。

こうしたやり方は、国際社会の非難を浴びている。米国内でもニューヨーク市議会までが戦争反対決議をしている（三月一二日）。孤立しているのは米国ではなく、ワシントンの中枢部である。「ネオコン」(新保守主義者)の「ギャングスター」「石油マフィア」「キリスト教原理主義者」に乗っ取られたホワイトハウスこそ、世界で一番危険な「ならずもの」の巣窟であり、「大量破壊兵器の使用」に関して明白かつ現在の危険の存在する地域であり、「平和に対する脅威、平和の破壊又は侵略行為」(国連憲章三九条)の震源地ではないのか。

ここで、「ブッシュの戦争」を正当化する議論を紹介しよう。コール政権の閣僚も務めた憲法学者R・ショルツ教授の「予防戦争は正当たりうる」という論稿である(Die Welt vom 12. 3)。かつて基本法コンメンタール(逐条解釈)の編者にもなったショルツは言う。

ヨーロッパでは、米国が安全保障政策を根本的に転換し、従来の抑止的・対応的な危険防禦のかわりに、予防的危険防禦ないし「予防的自衛」(preemptive self defense)のコンセプトを打ち出したことが見過ごされてきた。核・生物化学兵器などの大量破壊兵器がテロリストによって使用される危険に対して、戦時国際法の古典的な手段、特に抑止的な自衛や武力行使の原則では十分ではない。国際的な安全保障環境の変化により、効果的な予防が必要となる。効果的な予防は軍事的選択肢を含む。これは攻撃(侵略)戦争の原則的禁止と無関係である。なぜなら、ここで重要なのは防衛だけであって、攻撃(侵略)ではないからだ。軍事的予防措置は最後の手段をなし、その限りで比例原則の一般留保に服する。軍事手段の発動の前に、政治的・外交的危険防禦のあらゆる手段がくる。これが十分でない場合に、軍事的予防攻撃の権利が開かれていなければならない。軍事的措置は原則として国連安保理の授権を必要とし、国家の単独行動は補完的にのみ考えられる。個別的・集団的自衛権は性質上、正当な予防的自衛措置の枠内にある。国連もNATOも、このことを早急に受け入れなければならない。

ブッシュ・ドクトリンの正当化論だが、かなり無理がある。国連憲章五一条は自衛権について、二つのハードルを設けている。

一つは、武力攻撃の「現在性」(現に武力攻撃が行われたこと)の要件である。将来の危険や「おそれ」だけでは不十分であり、五一条から予防的措置を引き出すのは困難だろう。

二つ目は、憲章が、自衛権行使の場を、「安保理が適切な措置をとるまでの間」に限定していることである。

攻撃がまだ行われていないのに、それ以前の段階で、国家が単独行動を予防的に開始することは、五一条と整合しない。結局、予防的自衛措置が自衛権に含まれるという解釈は、国連憲章五一条からは出てこない。

したがって、「国際環境の変化」を理由に憲章の要件を緩和することは、憲法改正における「解釈改憲」にならっていえば、「解釈改憲章(国連憲章)」を指向するものと言えよう。国家の単独行動を補完的にではあれ、正面から承認せよと強く迫るショルツの言説は、ドイツ連邦政府が米国の行動に厳しい姿勢を取りつづけていることに対する、保守派のリアクションの一つではある。ただ、論理的にもかなり無理があり、とうてい支持できない。

# 自由と民主主義のための軍事介入？——二〇〇三年三月三一日

新学期直前の多忙時のため、今回は『北海道新聞』二〇〇三年三月二四日夕刊（文化欄）の拙稿を転載する。戦争の展開との関係でも、「一〇日前のハンバーグ」ほどは古くなっていないと思う。なお、見出しと小見出しはすべて北海道新聞整理部が付けたものである。

## 国際法違反のイラク攻撃

——安保理決議なし・政権転覆が目的。米、国連利用の終えん

### ※最初に戦争ありき

「軍は勢いなり、止められない対イラク作戦」。九一年の湾岸戦争当時、陸上自衛隊北部方面総監だった志方俊之氏（帝京大教授）の一文である（『軍事研究』三月号）。予備役まで動員し、前進司令部を立ち上げ、多数の部隊を現地に送り込んだ段階で復員・帰国を命ずれば、軍の士気は低下し、大統領の権威も落ちる。一度戦争をしないと「おさまらない」と言外に匂わせ、米国側の事情を先回りして説明してみせる。軍の論理だけを重視すれば、こういう見方もできるだろう。だが、「軍の勢い」に引きずられた結果、「国滅ぶ」の状態になった例は少なくない。

「九・一一」以降、ブッシュ政権は「はじめに戦争ありき」の姿勢を貫いた。戦争目的も、「対テロ戦争」の一環だったものが、「大量破壊兵器」廃棄に変わり、最後は体制転換（フセイン政権転覆とイラク国民「解放」）となった。そうした目的に向けて独断・独走する米国にとって、武力行使容認の国連安保理決議は、「あった方がいい」程度の軽い扱いだった。

米国は、非常任理事国に対して、金と力にものを言わせて、恫喝に近い圧力をかけたが、支持を増やすことはできなかった。安保理で敗北することが確実となるや、米国はいとも簡単に国連を切り捨て、実質的な単独行動の道に踏み出したのである。国連は米国の対外政策正当化のための道具にすぎないことが、世界の人々の目前で明らかになった。これは国連の敗北ではなく、米国による国連利用の歴史の終わりを意味する。

五八年前、米国が中心となって結成した国際連合。最初の加盟国は五一カ国だったが、いまや一九一カ国。創設時の四倍近くにまでなっている。国連憲章は武力による威嚇と武力行使を原則的に禁止した（二条四項）。これは、一九二八年の「戦争放棄に関する条約」（不戦条約）の流れを継承しつつ、戦争違法化の到達点を示すものである。

この原則には例外が二つだけある。一つは、侵略や平和破壊、「平和に対する脅威」に対して、安保理が決定する軍事的強制措置である。第二の例外は、現に武力攻撃が発生した場合、安保理が必要な措置をとるまでの間に限って、国家に認められる、きわめて限定された自衛権行使である。こうして、国際社会は膨大な犠牲と時間をかけて、各国が勝手に武力行使をできない、いわば「法による平和」の仕組みを作り上げた。

### ※独裁政権ほかにも

国連加盟国のなかには「大量破壊兵器」を保有する国もあれば、市民の権利を系統的に侵害している独裁政権も少なくない。米国はいつも、往時のハリウッド映画的明快さで、「勧善懲悪」の構図を演出する。いま、国際の平和や安全にとって、イラクだけが危険なのではない。百歩譲って、イラクの危険度が高いとしてさえも、国連加盟国の政権を軍事力で無理やり変更するという行動は、いかなる意味でも国際法に合致しない。ブッシュは、「ゲームは終わった」「外交手段は尽きた」と軽口をたたいて、いとも簡単に武力行使を選択したが、それを「苦渋に満ちた決断」（小泉内閣メルマガ八七号）と評価することは、どうひいき目にみても無理だろう。

### ※「反道徳的」な行為

この戦争は「違法かつ反道徳的である」。ドイツの有名週刊誌『シュピーゲル』三月一七日号で、著名なカトリック神学者H・キュング教授（七五歳）は語る。

教授によれば、戦争が正当化されるためには、次の六つの基準すべてが充足されねばならない。まず第一に、正当な理由が必要である。脅威をもたらすというだけでは理由にならない。第二に、まともな目的が必要である。政権転覆は理由にならない。第三に、比例原則。非人間的な独裁者を排除するのに、多数の死者や難民を出せば、目的と手段のバランスがとれていない。第四に、全権を委任された機関。それは国連安保理だけである。第五に、戦争は悪を排除するための「最後の手段」である。国連による査察・監視により、戦争なしでサダム・フセインを抑止することはまだ可能である。そして第六に、国際法の遵守である。米国は、アルカイダ捕虜に対する非人道的取り扱いのかどで、国際的に非難されている。結局、六つの基準は一つも充足されておらず、それゆえイラクに対する戦争は反道徳的である、と。

なお、ドイツの哲学者カントは『永遠平和のために』のなかで、「常備軍が刺激になって、互いに無制限な軍備の拡大を競うようになると、それに費やされる軍事費の増大で、ついには平和の方が短期の戦争よりもいっそう重荷になり、この重荷から逃れるために、常備軍そのものが先制攻撃の原因となる」と喝破した。巨大軍需産業とハイテク軍隊。テロを呼び込み、先制攻撃に向かう要因は、米国の内側にこそある。日本国憲法九条が「必要な戦争」も「正しい戦争」も「自衛戦争」も放棄した時代先取り的意味を、今こそ想起すべきだろう。

## 「イラク戦争」と日本――失われたものの大きさ――二〇〇三年四月一四日

先週末、長崎市に滞在して、「イラク戦争と日本」をテーマに二回講演した。話の冒頭で使うグッズを何にしようか迷った。というのも、空港のセキュリティが相当きつくなっていて、かつて二〇〇一年五月の徳島講演にセルビア軍の三〇ミリ機関砲弾を持っていくときは、わざと造花を入れて、「花瓶です」でパスしたこともあった。だが、今回は誤解を生じそうなものは避けた。金属反応の心配がないものということで、米軍が九一年の湾岸戦争や九四年のハイチ侵攻作戦、〇一年のアフガン戦争の時に使用した伝単（ビラ）を持参した。一九四五年、米軍が日本各地を空襲する前にまいた伝単も持参した。

セルビア軍の30ミリ機関砲弾。サラエボ市内で花瓶として売られていた

ところで、テレビや新聞では「空爆」という言葉が常用語になっている。長崎の原爆は、まさに「究極の空爆」だが、長崎空爆とは言わない。東京大空襲も米側からみれば「東京空爆」となる。「空襲」は「空から襲われる側」の目線の言葉であり、「空爆」とは「空から爆弾を落とす側」の論理が反映している。軍事用語では、航空攻撃（air attack）ないし航空打撃（air strike）という。「空襲」

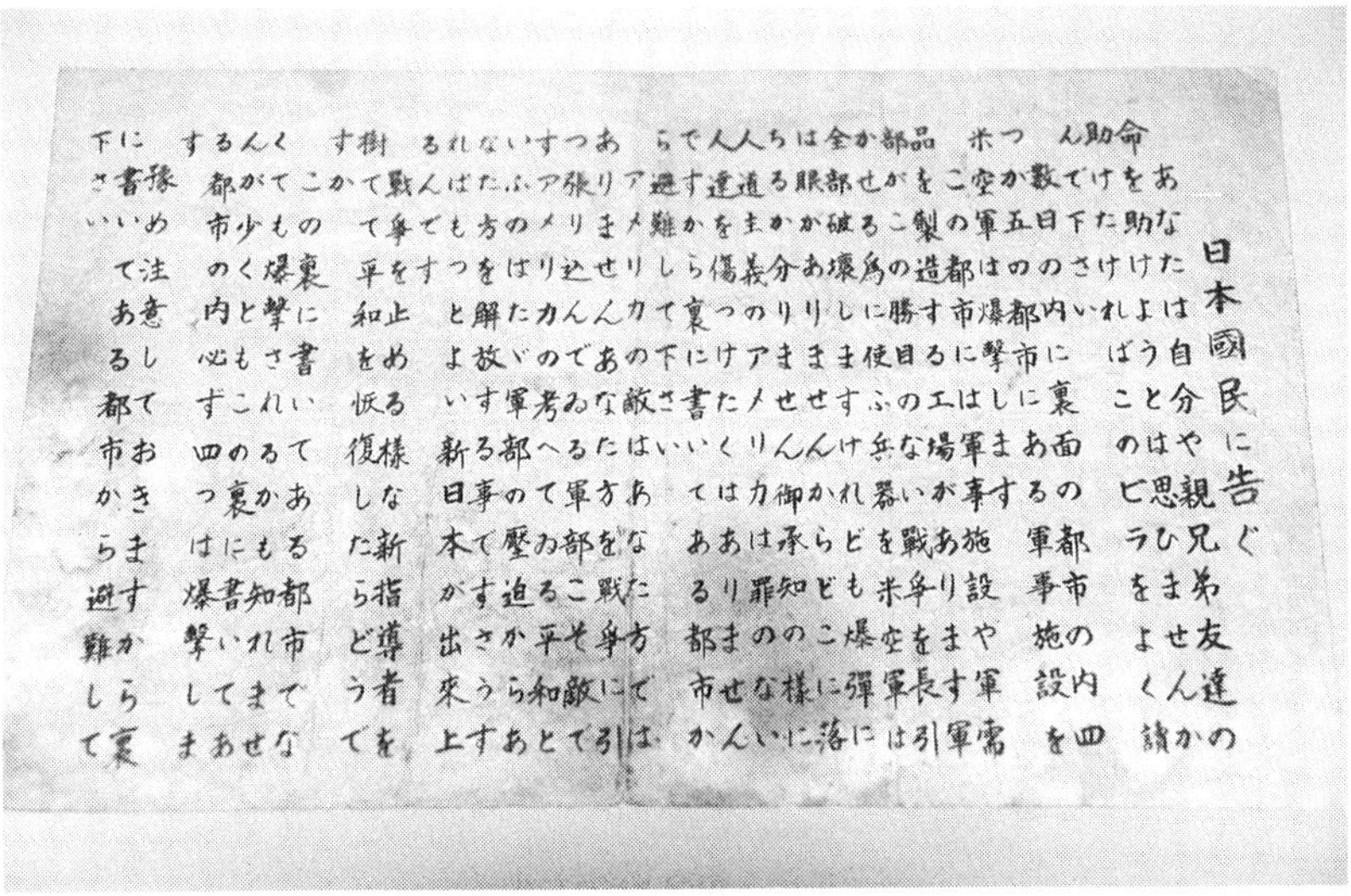

日本國民に告ぐ

あなたは自分や親兄弟友達の命を助けようとは思ひませんか助けたければこのビラをよく讀んで下さい

數日の内に裏面の都市の内四つか五の都市にある軍事施設を米空軍は爆撃します

この都市には軍事施設や軍需品を製造する工場があります軍部がこの勝目のない戦争を長引かせる爲に使ふ兵器を米空軍は全部破壊しますけれども爆弾には眼がありませんからどこに落ちるか分りません御承知の様に人道主義のアメリカは罪のない人達を傷つけたくはありませんですから裏に書いてある都市から避難して下さい

アメリカの敵はあなた方ではありませんあなた方を戦争に引つ張り込んでゐる軍部こそ敵ですアメリカの考へてゐる平和といふのはたゞ軍部の壓迫からあなた方を解放する事ですさうすればもつとよい新日本が出來上るんです

戦争を止める様な新指導者を樹てて平和を恢復したらどうですか

この裏に書いてある都市でなくても爆撃されるかも知れませんが少くともこの裏に書いてある都市の内必ず四つは爆撃します

豫め注意しておきますから裏に書いてある都市から避難して下さい

1945年、米軍が日本各地を空襲する前にまいた「伝単」（ビラ）

と「空爆」の違いは小さくない。連日「空爆」という言葉を頻用して、戦争をにぎにぎしく報道してきた『読売新聞』が、何と四月一〇日付夕刊（東京本社版、四版）第一社会面で使った横大見出しは「空襲なき静かな朝」であった。この戦争で初めて「空襲」という言葉を見て、新鮮だった。

メディアもテレビの前の視聴者も「爆弾を落とす側の論理」にはまってはいないか。特に許せないのは、「フセインを探せ」「フセインを仕留める」といった物言いが、司会者やコメンテーターの口から出ることだ。これは異常である。どんなに圧政を行っていようとも、国連加盟国イラクの大統領である。「ノリエガ」「ミロシェヴィッチ」「フセイン」と、米国は、相手国の元首を、あたかもテレビ映画の悪漢のように仕立てあげて攻撃するのを常とする。このパターンに、メディアや市民までが乗っていいのか。

共同通信は四月七日、米第三歩兵師団が、首都バ

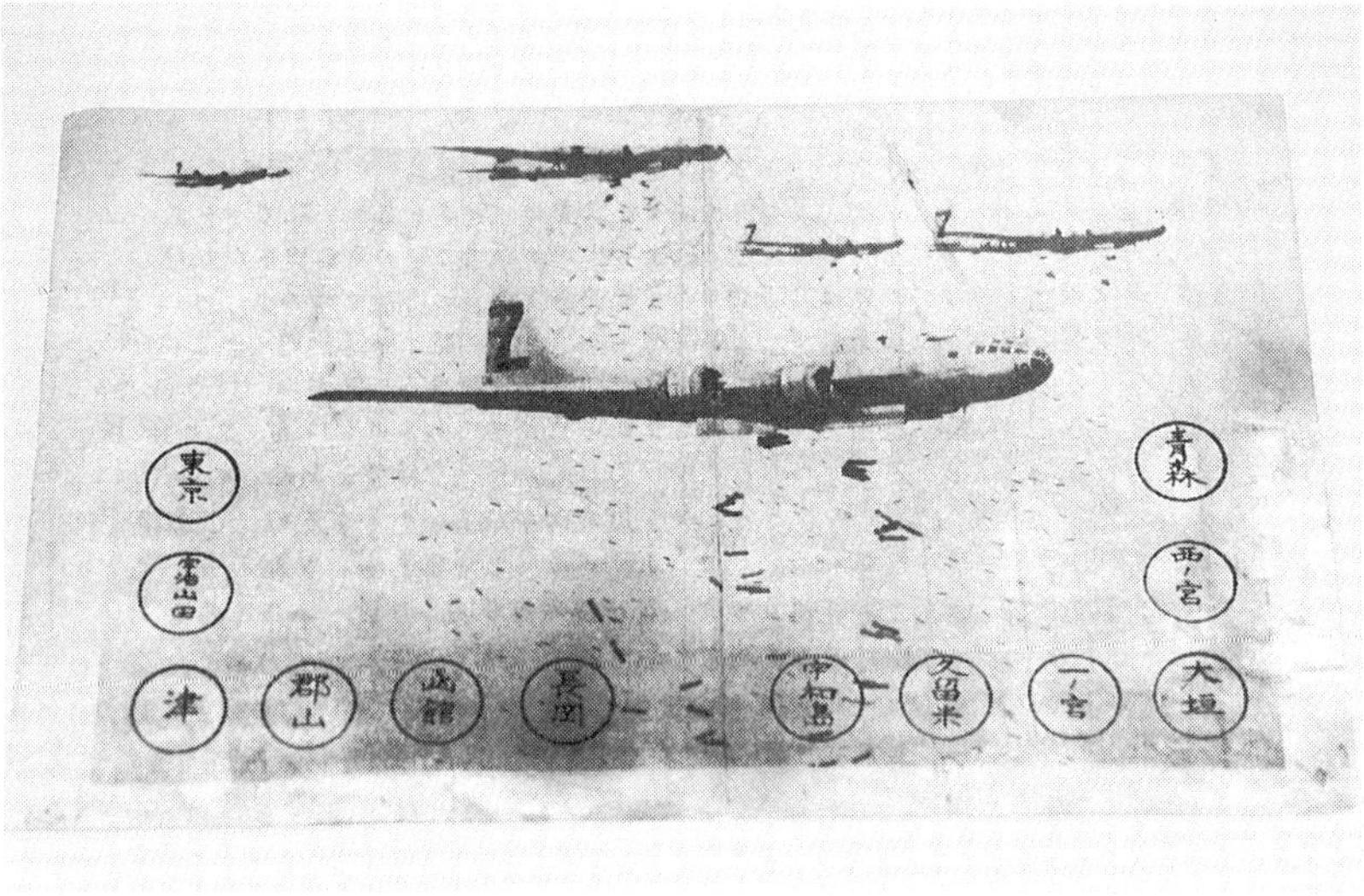


1945年、米軍が日本各地を空襲する前にまいた伝単（裏）

グダッド中心部の大統領宮殿に、同師団が拠点とする米ジョージア州の大学の旗を掲げたと報じた。首都中枢制圧を誇示する狙いがあるというが、米国旗ではなく、大学の旗というのもふざけている。大学とは、こうした大人げない裸の暴力からは一番距離のあるところであり、学問の前の平等で、「悪の枢軸」とされている国や地域からも、学生を受け入れているはずである。その大学の旗を侵略のシンボルに使うとは。その大学の出身者が目立ちたいばかりにやったことだろう。

一〇日にフセイン大統領の像によじ登って、星条旗を掲げようとした米兵もしかりである。こういうパフォーマンスがイラクの市民の反発を増幅させ、その後の統治にどれほどマイナス効果を与えるかを考えれば、指揮官が住民対策上の配慮を徹底すべきだろうが、それができないところが、侵略軍の常である。道義的頽廃といっていい。傲慢無恥のラムズ

湾岸戦争の時に米軍がイラク兵に向けてまいた伝単

フェルド国防相をみていれば、想像がつくことではあるが。

さて、イラク戦争が終わったというムードである。日本政府は「イラク分割統治」などの提案を米国に四月六日の段階ですでに密かに行っていた。戦争に何の制約も付けられず、一方的なイラク侵略を支持した日本政府は、いずれ米国や英国とともに、国際世論の指弾を浴びるだろう。民衆レベルでの法的責任追及の動きも進むだろう。おやじのブッシュ元大統領について『ジョージ・ブッシュ有罪!』（柏書房）という本が出たが、それにならえば、『ジョージ・ブッシュJr有罪!』という本を作る必要があろう。フセイン体制の「過去の克服」も必要だが、それをやるのはイラクの民衆である。いま、米英の侵略とそれを支持した国々の責任追及の方が先である。

三月二〇日、米英軍によるイラク攻撃が始まった直後、小泉純一郎首相は取り囲んだ記者たちに向かって、「理解し、支持します」と言い切った。ほんの立ち話で、日本がいとも簡単に「不戦」と「国連中心主義」の国是を捨てた瞬間である。

## ブッシュの「ブレジネフ・ドクトリン」――二〇〇三年四月二二日

一枚の写真がある。狭い塹壕のなかに、頭を吹き飛ばされたイラク兵二人の死体。脳漿で土が黒ずんでいる。一人の手にはしっかりと白旗が。降伏しようと待っていたところを、上空からヘリの斉射を受けたようだ。死体を見下ろす英軍兵士。見出しには「帝国の業」とある（アエラ緊急増刊『ブッシュは正義か』二〇〇三年四月五日号）。イラク戦争の初期段階でAP通信が配信したもので、英国の『スコットランド・オン・サンデー』紙（三月二三日付）は一面に使ったが、日本の新聞には載らなかった。

この戦争でどれだけの貴重な命が失われたか。米兵一二五人（＋行方不明三人）と英兵三一人が死んだことは発表されている。四月五日の中央軍司令部発表によれば、二〇〇〇人から三〇〇〇人のイラク兵が死んだという。市民や子どもたちがどれだけ死んだのかは、依然として不明である（現時点で判明した市民犠牲者数は Iraq Body Count で見られる）。

この戦争は一体何だったのか。私自身は「必要な戦争」はないと考えているが、それを認める見地に立ったとしても、今回の戦争は「究極の不必要な戦争」と言えるだろう。その国際法違反性についてはは何度か指摘してきた。「石油のための戦争」「イスラエルが仕掛けた予防戦争」「ネオコンの世界制覇戦争の始まり」等々、いろいろな評価が可能だろう。

ただ一つ確実なことは、いつでも、どこでも、米国が必要と判断すれば、いかなる国の政権も武力で取り替えられる「先例」が作られたことだ。「システム・チェンジ」（体制転換）。かつては市民の側が体制の変革を求めるときのスローガンだったが、今は米国の世界戦略の柱となった。その手段は、「予防戦争」（その法的表現が「先制自衛」）である。この点を、三月二〇日付の『モスクワ・タイムズ』が、「ブッシュのブレジネフ・ドクトリン」という論説（軍事アナリストＰ・フェルゲンハウアー執筆）で問題にしている。

「一九六八年、ソ連によるチェコスロヴァキア侵攻後、モスクワの社会主義体制を支援するため、ソ連は衛星国家に侵攻する権利があるという、制限主権のブレジネフ・ドクトリンが形成された。いま、制限主権の新しいブッシュ・ブレジネフ・ドクトリンが国際法の基礎になるかもしれない。米国は、大統領と議会が同意するならば、不快な体制を転換するため、他国に侵攻する主権的権利があると主張している」

ところで、一九六八年八月のチェコ事件とは、ドプチェク第一書記の指導のもと、当時のチェコスロヴァキア共産党政権が言論の自由をはじめ各種の自由化政策を断行しようとしたところ、「社会主義共同体」の利益を掲げて、ワルシャワ条約機構軍がチェコに侵攻して、この改革を武力で押しつぶした事件である。これを契機に、「社会主義共同体」の利益（実質はソ連共産党の利益）を根拠に、東欧各国の国家主権を制限する論理が、当時のブレジネフ書記長の名前をとって「ブレジネフ・ドクトリン」と呼ばれるようになった。

その一七年後、ゴルバチョフ書記長が登場。このドクトリンは意味をなさなくなった。逆にゴルバチョフは、東欧各国に対して、「フランク・シナトラで行け」と言った。シナトラの名曲「Ｇｏｉｎｇ ｍｙ ｗａｙ」になぞらえ、「わが道を行け」とたきつけたのである。その結果、「ベルリンの壁」は崩壊し、当のソ連邦までもが解体するに至ったのである。

今回の『モスクワ・タイムズ』論説は、ブッシュ政権の発想が、かつてのブレジネフ書記長の発想に似ていると皮肉る。ただ、ブレジネフのそれは「社会主義共同体」の内部の問題だが、ブッシュ政権にとっては、「ならず者国家」「テロ支援国家」と判断した国すべてに適用する点で、よりアグレッシヴである。

国連憲章二条七項は、加盟国の国民がいかなる体制を選択しようとも、他国がそれに干渉することを禁じている。ただ、大規模かつ重大な人権侵害が起こった場合、「国際社会」が介入してそれを阻止する「人道的介入」が近年問題になっている。ソマリア、ルワンダ、コソボなどがそのケースだった。ただ、コソボ紛争へのＮＡＴＯ「空爆」が「人道的介入」として正当化できるかはかなり疑問である。イラクの場合、「人道的介入」のケースかと言えば、ブッシュ政権自身がそれを一度も主張していない。むしろ、イラク国民の「解放」と「民主化」が、介入目的となっている。一国の政権を武力で取り替えることを目的とした戦争である。

この点で、ドイツの左派系新聞に載った論説「国際法は妥当しない」は興味深い。かつてタンザニア軍が、ウガンダのアミン政権を倒すために侵攻した例を挙げ、アフリカでは、隣国の介入によって「体制転換」が起こるのはむしろノーマルであるという。また、ベトナムも一九七八年のクリスマスにカンボジアに侵攻した。二〇〇万もの自国民を虐殺したポル・ポト政権を倒すためだ。だから、今回のイラク戦争は、世界で最初の予防戦争でもなければ、最初の「体制転換」のための戦争ではない、というのである（taz vom 25. 3）。この論説をめぐってさまざまな異論が提示され、投稿欄はしばらくにぎわった。

私見によれば、イラク戦争とウガンダやカンボジアのケースは、少なくとも次の二つの点で同一視できない。

第一に、ベトナムの場合はヘン・サムリン政権を打ち立てたという点では「体制転換」だが、その前に百万単位の大規模な虐殺が行われていた。ウガンダの場合もかなり切実な状態があった。しかし、イラクの場合は、政治的弾圧や抑圧が常態化していたとはいえ、カンボジアのような切迫した状態にあったとは言えず、軍隊を侵攻させるだけの積極的根拠に乏しい。

第二に、国連安保理の二大国が攻撃に参加した点である。世界最大の軍事大国と、かつての植民地宗主国による戦争。「人道的植民地主義」と酷評した人もいる。

なお、エーベルト財団の政治顧問M・リューダースの論文（Frankfurte Rundschau vom 10. 3）によれば、フセイン体制崩壊後、中東に民主化の効果はないと予測している。「フセインの没落はこの国と地域に恵みになるだろう。だが、ブッシュ大統領が選択する道はカタストロフと災難の処方箋だ。ワシントンの『リベラル帝国主義』は、それが善なる意図によるものであったとしても、反西欧感情を培い、テロ的傾向を確定するおそれがある。新保守主義的権力者とその支援者たちは、民主主義が社会的プロセスの結果であること、国際法規範なしに存続しえないものであることを忘れている」。重要な指摘である。

さらに、インドの作家ロイ（Arundhati Roy）は、ドイツの週刊誌『シュピーゲル』のインタビューのなかで、米軍占領下のイラクは「第二のパレスチナ」になるだろうと厳しい見通しを語っている。ロイはまた、「ブッシュは我々にとってよい」として、「彼は米国の世界支配追求を、全世界がすぐに理解できるほどに直接的、傲慢、かつ野蛮に行っている」（Der Spiegel vom 7. 4）と指摘する。

それゆえに、開戦前から、米国による明白な国際法違反の侵略行為に対して、世界中の「普通の人々」がかつてない規模と内容で声を挙げ始めたのだ。フランスの元経済財政相D・シュトラウス・カーン氏は、二月一五日に全欧で起きたデモを高く評価し、そこに「新しいネーションの誕生、ヨーロッパ国民」を見てとる（Frankfurter Rundschau vom 11. 3）。ヨーロッパだけではなく、米国国内でも、イラク戦争の責任を問う声は確実に広まっていくだろう。大国による身勝手な制限主権論や体制転換論は、まったくの時代錯誤であることを知るべきである。

# 憲法記念日と民主党の「転進」――二〇〇三年五月一九日

毎年のゴールデン・ウィーク（大型連休）は、私にとっては「連続不休週間」で忙しい。今年はとくに大変だった。五月二日午後六時から和歌山市内で講演。翌早朝五時二五分発の列車で大阪に向かい、伊丹空港から始発便で札幌に飛んだ。ＪＡＬとＪＡＳの「統合」で、関西空港から札幌に向かう午前の早い時間帯の便が四月から廃止されたためだ。和歌山からの移動時間は、関空なら三〇分ですむが、伊丹だと二時間以上かかる。ダブル・ブッキングでヘリ移動した役者に比べれば、はるかにスケールは小さいが、私にとっては大変だった。航空会社も、銀行の合併・統合と同様、利用者のことなんぞ眼中にないという証である。

思えば、私が憲法記念日に講演をするようになったのは、一九八六年の釧路講演が最初だった。三三歳だった。これを皮切りに、毎年五月三日は日本のどこかで講演するのが常となった。八七年札幌、八八年なし（ドイツ滞在）、八九年札幌、九〇年なし（広島大学赴任直後のため）、九一年なし（ドイツ在外研究）、九二年広島、九三年大分、九四年東京（全国憲法研究会講演会）、九五年山口、九六年なし（全国憲事務局として、講演会のロジ担）、九七年東京＆富山、九八年山梨、九九年なし（ドイツ在外研究）、二〇〇〇年広島、二〇〇一年徳島、二〇〇二年岡山、そして二〇〇三年和歌山&札幌となる。

今年の正月の「直言」で「まだ一度も講演していない一二県を優先しながら……」と書いたら、それを出した翌日に和歌山の弁護士から電話がきた。「和歌山はまだのはずですが……」と切り出され、即決した。その後、ある県から来年五月三日の講演予約が入った。残りは一〇県となった。

毎年、憲法記念日で焦点となるテーマがある。今年は、イラク戦争と北朝鮮問題、それに「有事法制」問題であった。――と、ここまでは、札幌から戻ってすぐに書いた文章である。この続きを書かないうちに、五月一五日、「有事」関連三法案が衆院で可決されてしまった。「今日は何の日」と問われれば、五・一五事件（一九三二年）と沖縄本土復帰（一九七二年）の日、変わったところで「ストッキングの日」となろう。これに、「日本の平和のかたちを決める重大法案が、あっけなく衆議院を通過した日」が加わった。

衆院の出席議員の九割が賛成した。憲法記念日から二週間もたたないうちに、自民党と民主党の特別委筆頭理事による修正協議が一気にまとまり、そのまま採決となったものだ。合意後の修正案についての実質審議は行われなかった。

札幌講演の主催者は民主党系の団体だったが、「有事」関連三法案には反対の立場が強かった。私の話にも大いに共感してくれた。北海道の民主党関係者にはそういう人々が多い。だから、民主党執行部がこんなにも簡単に賛成にまわったことについて、地方の関係者のなかには落胆している人が多いのではないか。民主党執行部は、法案に基本的人権保障が盛り込まれたことを「成果」だというが、これまでの反対から賛成に転換した理由としてはあまりにも不十分である。弁護士出身議員も多いはずで、本当にそれで納得できるのだろうか。これでは、撤退を「転進」と言い換えた旧日本軍と変わらない。大変残念である。

以下、『毎日新聞』の依頼で緊急執筆した論稿を転載する。二〇〇三年五月一九日付朝刊オピニオン欄「論点」に掲載されたもので、お読みになった方も多いと思う。この欄は三人の論者が登場するが、今回は拓殖大学教授の森本敏氏、作家の麻生幾氏と私だった。

## 戦争加担の危険法案

この法案の成立は、三つの意味で、日本の憲法史における重大な汚点となるだろう。

第一に、戦争と武力行使・威嚇を放棄した憲法のもとで、具体的な戦争加担の仕組みを立ち上げることになるという点である。イラク戦争に見られるように、日米安保条約の締約国たる米国は、自衛権の発動とはならない段階でも武力行使に出る、国連憲章にも安保条約にも違反する先制攻撃路線に転換した。

その米国が、北東アジア地域において先制攻撃に着手したとき、日本は「武力攻撃予測事態」を認定して、対処措置を前倒しで開始する。その場合、この法律の「備え」としての性格は、純粋な

「楯」ではなく、「矛」の一部ともなりうる。その「矛」の機能を、自治体職員や、業務従事命令の対象となる職種の人々、指定公共機関に働く人々などが強制される恐れがある。民放連や海員組合などが強く反対しているのは、一般市民よりも、そうした事態への切迫感が強いからだろう。

第二に、一国の安全保障政策の内容と方向を決定する重大法案が、与野党の筆頭理事二人により急遽まとめられた修正案に基づいて、実質審議もなしに可決されたことである。昨年七月、民主党は「有事」関連三法案の問題点を一〇項目にまとめ、「法案の出し直し」を求めていた。そこでは、「周辺事態」との区別が曖昧なことや、米軍との関係が不明確で「政府の恣意的な判断によってわが国を武力紛争に巻き込む懸念がある」などの諸点が的確に指摘されていた。

今回の修正合意では、民主党がこの一年余の間に鋭く追及してきた本質的な問題点はどこも解決していない。賛成に転じた理由として、基本的人権保障の明記を挙げるが、疑問である。憲法学の観点から言えば、一般の法律に「基本的人権の尊重」を明記したからといって、人権保障が充実したと考えるのはあまりに楽観的にすぎよう。戦後制定された違憲の疑いが強い法律には、必ずこの種のイクスキューズ（言い訳）の条文が付加されるのが常だからである。反対から賛成に転じた説明も不十分だ。これでは、節操なき「転進」ではないか。

第三に、アジアと世界の人々に誤ったメッセージを発信してしまったことである。北朝鮮の核開発問題など厳しい現実はあるが、この地域の平和と安定のためには、韓国や中国などと密接な外交的連携を保っていくことが大切である。「日米同盟」一辺倒で対応するのではなく、アジアに軸足を置いた協調的集団安全保障体制（欧州のＯＳＣＥタイプ）を立ち上げる方向で努力すべきだろう。

いま、米国の先制攻撃路線を支える「有事」システム整備に突き進む日本の姿は異様に映る。イラク戦争における英国の役割を、北東アジアで行うというメッセージにもなりかねない。二院制の本来の任務からすれば、参議院においては慎重な審議が期待される。参院民主党は、昨年七月の一〇項目の線に立ち返って十分な審議を尽くし、法案の「出し直し」を求めるべきである。

## 日弁連主催の集会で語ったこと——二〇〇三年六月二日

マスコミで「有事法制」について批判的なコメントをすると、「国民保護法制に反対するあなたは非国民ですね」というメールや、「北朝鮮に亡命せよ」といった手紙が届く。ネット上の私への罵詈雑言もかなりのものだ。だが、日本の憲法政治にとって、いまの時期は非常に重要な転換点になると思うので、言うべきことをきちんと言い残しておく。これは時代に対する責任だと思う。いろいろと不快な圧力はあるけれど、今後とも発言は続けていくつもりである。

ところで、「有事」関連三法案は民主党の賛成で衆議院を通過。六月九日の週には参議院で可決・成立するという観測が流れている。そうしたなか、日本弁護士連合会、東京弁護士会、東京第一弁護士会、東京第二弁護士会主催の集会で、この問題について話す機会があった。わずか三〇分ではあったが、力を込めて話したつもりである。この集会では、作家の下重暁子さんと本林徹・日弁連会長も大変説得力あるお話をされた。

私は、この集会が、弁護士会主催であることの意味を冒頭に強調した。弁護士法八条によれば、弁護士会に備えられた弁護士名簿に登録されないと弁護士の仕事ができない。つまり、弁護士会は強制加入団体なのである。その弁護士会が、思想・信条の違いを越えてこの法案に反対している意味はきわめて大きい。弁護士法一条には、「弁護士は、基本的人権を擁護し」とある。あらゆる職業のなかで、法律によって、基本的人権の擁護をその使命とされているものは他にない。そういう意味で、私はこの集会で話をすることを大変名誉であると述べた。

以下は、講演の後半部分を再構成したものを『週刊金曜日』（二〇〇三年五月三〇日〔四六一号〕）が掲載したものである。まとめ、タイトル（目次も）、小見出しも編集部のものである。特に、表紙タイトルが「〝有事法案成立〟後にすべきこと」というややフライングぎみなものになっているが、これに私は一切関わっていない。

なお、私が編集委員として関与している『法律時報』（日本評論社）の最新号（六月号）の特集は、「北東アジアにおける立憲主義と平和主義――『法による平和』への課題」である。季衛東（神戸大）、徐勝（立命館大）、豊下楢彦（関西学院大）、水島の四人による座談会「北東アジアの立憲主義と平和主義――転換への視点」のほか、九本の論文からなる。季衛東「『アジア的価値』と人権保障」、李正姫「駐韓米軍地位協定の現況と問題点」などは特に興味深い。私も、「地域的集団安全保障と日本国憲法」という論文を寄せている。法律専門誌が北東アジアという特定地域の問題を特集でとりあげるのは初めてだろう。多くの方々に読んでいただきたいと思う。

## 北東アジアに新しい安全保障の枠組みを

国連憲章は、不戦条約（一九二八年）の「戦争違法化」を一歩すすめて、武力行使・武力威嚇をも原則的に禁じている。例外は国連による軍事的強制措置と自衛権行使（それも限定的な）の場合だけだ。しかし米国は、イラクに対して国連決議という「錦の御旗」なしで、剥き出しの暴力を行った。私たちは、この侵略戦争の責任、つまり開戦責任を今後も追及しなくてはいけない。さらにイラク侵略では、劣化ウラン弾やクラスター爆弾を含め国際人道法違反の疑いが濃厚な手段が使われた。このことも追及すべきである。

### ※米軍司令官を告訴

五月一四日、米軍のイラク侵略で殺された遺族のうち、一七人のイラク人と二人のヨルダン人が、ベルギー・ブリュッセル当局に、イラク攻撃を指揮した米中央軍のフランクス司令官を告訴した。ベルギーには、国境を越えて戦争犯罪を追及する厳しい法律があるからだ。起訴されれば、国際勾留状が出される。

米国では急きょ、アッカーマン下院議員が、ベルギー法に関連するいかなる協力をも米国司法に禁ずる法案を提出した。この法案には、大統領が米国市民（この場合はフランクス大将）をベルギーによる身柄拘束から守るために必要なあらゆる措置を義務づけられ、そこでは武力行使が排除されていない。ドイツの新聞によると、ベルギーでこの法案は「ベルギー侵攻法」と皮肉られているという。フランクス大将を守るためにブリュッセル空爆も辞さず、というわけだ。国際刑事裁判所（ＩＣＣ）から一方的に離脱した米国。いま、米国の自己中心的な独善・独走はとどまるところを知らない。

なお、その後、ベルギー政府は米国に配慮して、事案を米国当局に送致する決定を行った。今年四月の法律改正で、閣議にはかり、事案を当事国当局に送致することになったからだ。

ところで、今の米国の政権は、ネオコン（米国のウルトラ保守主義者）と呼ばれるきわめて特殊な集団が牛耳っている。だから、今の政策がおかしいからといって、米国すべてを敵視してはいけない。日本で言えば、石破茂・防衛庁長官と安倍晋三・内閣官房副長官だけで、日本の全政治家の考えだと見てはいけないのと同じだ。

米英のイラク侵略がはじまった三月二〇日、小泉純一郎首相はすぐさま「米国の攻撃を理解し、支持する」と言った。しかも、アラビア海には自衛隊のイージス艦が行っている。つまり、日本は参戦国家だと世界中にわかりやすく示した。

ネオコンが牛耳っている今の米国に追随するのは危険だ。私はブッシュ大統領の再選はないと見ている。いずれ、ニクソン大統領（当時）と同じように国内問題で足をすくわれて失脚することもあり得る。だから、ブッシュ政権にすり寄りすぎたことを、小泉首相は必ず後悔するはずだ。日本は、ブッシュの先制攻撃のやり方に対して、一歩距離を取る必要がある。少なくとも「有事法制」を早く通してはいけない。もっと審議をし、どういう事態が日本にとって「有事」なのかを慎重に検証することが重要だ。

いまの「有事法制」は、アジアのどこかの国に対し先制攻撃をしたい米国に協力するための法的整備だ。「今度はイラクよりも距離が近いから攻撃された国の反応も激しく、返り血を浴びる恐れがある。だから『国民保護法制』と称して国民にも土地の使用や物資の協力をいただきましょう。業務従事命令でいろんな業種の方にも協力してもらいましょう。民放にも指定公共機関としてご協力いただきます。しかも、五月二三日に小泉首相が訪米するので、持参するお土産が欲しい」。これが日本政府の本音だろう。

こんな目的のためになぜ、野党第一党の民主党が協力するのか。菅直人民主党代表は、与党との修正協議で、基本的人権の尊重が武力攻撃事態法案に明記されたと、胸を張った。しかし、明記されて安心できると考えるのはあまりにも楽観的すぎる。なぜか。破壊活動防止法にも、盗聴法（通信傍受法）にも、軽犯罪防止法にも基本的人権を尊重するという趣旨の規定が入っている。濫用する側にとって、こうした条文は、基本的人権を守らせる法的拘束力にはならない。

なによりも憲法に基本的人権の尊重が書いてある。武力攻撃事態法案という違憲性の強いものに基本的人権の尊重が書いてあるから人権が守られると考えるのは、楽観的すぎるどころか、人権侵害を美化することにつながる。やはり「有事法制」は参議院で廃案にすべきだ。

### ※「出羽守」が導く結論

では、「有事法制」がなければ非常事態のときに私たちの暮らしを守ることはできないのか。「どこの国にもあるから有事法制が必要だ」と主張する人が多い。「英国ではこうなっている」「米国では常識だ」というだけで、なんとなく論じた気になっている人たちだ。こういう人を「出羽守《でわのかみ》」という。「~では」の一言で、その国の憲法や法制度が生まれた事情や抱えている課題への眼差しが失われてしまう。

『世界の「有事法制」を診る』(水島朝穂編著、法律文化社)で世界九カ国の「有事法制」を比較したが、多くの国で既存の緊急事態法制見直しの動きがある。韓国でも、独裁政権によって緊急事態法が濫用されたため、これを部分的に廃止しようとしている。またどこの国にも、悩ましい濫用の体験が満ちている。どこの国にもあるから日本に必要かと言えば、そうではない。濫用によって一番影響が出るのは、「国民保護法制」の分野だ。「国民保護法制の整備が先送りだからけしからん」という地方自治体の首長がいるが、「国民保護」という言葉に騙されてはいけない。国民が守られると思ったら大間違いだ。

いまことさら「国民」という言葉を使うことに政府の狙いが見える。地方自治法では、首長は住民の安全を守るのが本旨だから、「住民保護」「市民保護」というべきだ。住民の中には外国人もいるからだ。

つまり、「国民保護法制」とは明らかに日本国民が鎧を着て、日本国民だけを守ろうとする体制をこれからつくるということだ。しかも「国民保護法制」とは言葉の綾で、国民を保護するための法制ではなく、国民を武力攻撃事態に強制的に協力させる法制だ。だから、私たちは「国家からの自由」にもっとこだわる必要がある。

最近、ストーカーやドメスティック・バイオレンスなどから身を守るために法律を作り、国家権力によって安全を保護してもらおうという考えが出てきた。問題によっては必要な場面もある。しかし、憲法一二条が「この憲法が国民に保障する自由及び権利は、国民の不断の努力によって、これを保持しなければならない」としているように、国家によって自由や権利が与えられていると考えるのは大間違いだ。

確かに、テロリストの危険がいろいろなところにあるのは否定しない。麻薬を売っている怪しげな船や、ミサイルをちらつかせる恫喝外交をする国もある。しかし、その国に対して軍事的な対応をとるのが正しいのか、米国が先制攻撃するのに日本が参加するのが適当かが問われている。

コテコテの「有事法制」を成立させ、米国のネオコンに協力すると、中国や韓国とのチャンネルが狭くなる。これは得策ではない。武力を使って向き合うのではなく、その国が暴発しないような関係をどうつくるかが外交だ。

つまり、北東アジアにおける安全保障システムの新しい立ち上げが必要になる。それは北東アジアでの地域的集団安全保障で、これこそが「有事法制」に対する対案となる。

日本国憲法前文には、「平和を愛する諸国民の公正と信義に信頼して、われらの安全と生存を保持しようと決意した」とある。憲法が想定する安全保障の方式は、「世界連邦または世界国家の構想を目標とし、いまだそれに至らない間は、非武装中立の関係をあらゆる国家、すなわち具体的には、米・ソ両陣営のすべての国々に対しても、維持するということ」（佐藤功『日本国憲法概説（全訂新版）』学陽書房、一九七六年）にある。だから、一方の陣営に決定的に参加し、他の陣営の側からの攻撃に対して自国を防衛する以外には、日本の安全保障の途はないという方式（日米安保体制）は、「憲法の理想とし予想した安全保障の形態とは完全に異なる」（同）。これは、冷戦後の現在にも妥当する。

地域的な集団安全保障としては、欧州と米国・カナダなど五五カ国が参加しているＯＳＣＥ（欧州安保協力機構）がある。前身のＣＳＣＥ（全欧安保協力会議）時代には、「ベルリンの壁」崩壊に始まる東西対立の解消（冷戦の終結）に果たした役割はきわめて大きく、ＯＳＣＥとなってからはユーゴ紛争などに対し、非軍事的活動（使節団、監視団の派遣等々）を軸に積極的にコミットし、貴重な成果をあげている。

これと同じような体制をアジアにどうつくるか。絵空事だという人もいるが、それは違う。アジア全体では九四年七月、ＡＳＥＡＮ地域フォーラム（ＡＲＦ）が発足した（北朝鮮も二〇〇〇年に参加）。ＡＲＦは、アジア太平洋地域における地域的安全保障協力機関（二二カ国＋ＥＵなど）で、この地域における唯一の政府間フォーラムといっていい。毎年夏に行われ、閣僚会合を中心とする一連の会議の連続それ自体を指し、常設の事務局を持たない。自由な意見交換を重視し、コンセンサスによる会議運営を原則とする。非公式な話し合いを大事にして、公式の手続きや制度化をできるだけとらないところに特徴がある。

これは沖縄の「テーゲー主義」にも通底する、緩やかでアバウトな協力関係と言える。信頼醸成の促進と予防外交の展開、紛争解決へのアプローチの充実というプロセスを設定して活動している。歩みは緩やかだが、着実に前進している。

日本はここでもっと力を尽くし、中国や韓国とのチャンネルをもっと使って、北朝鮮の暴走を阻止する。それがいま求められている。

## ※「自己チュー」ではなく

平和を創る力とは何か。私たちのまわりにはいろんな危険がある。私たちの周辺に問題がなかった時代はない。そして、人類は、さまざまな戦争体験を通じて、戦争や武力を使わないで危険を除去する知恵を創りあげてきた。

だが最近、私たちはあまりにも狭い情報だけで対応を判断しようとしている。たとえば、白装束の集団がいるという情報だけで、その人たちを排除しろという意見が出ている。だけど、あの人たちは一〇年ぐらい同じことを続けている。好きでもないし、共感できないし、嫌だと思っても、罪を犯していない人たちを警察力で排除するのは間違っている。同じように、国際社会が米国の軍事力を使って危険を未然に排除しようと考えはじめたとき、私たちの内側にある危険な因子が顔をもたげてくる。それは「私たちの豊かさを守りたい」から「私たちだけの豊かさを守ればいい」と考える「新自己チュー」（新自己中心主義）だ。それは、自己中心主義と自己中毒（過激なナルシシズム）の合体と言える。

日本でもナショナリズムとナルシシズムの合体版が勃興してきた。「日本こそナンバー1」と扇動する政治家と一緒に、武力を行使する国になったとき、一人ひとりの中から「新自己チュー」が生まれてくる。

お互いを尊重しあいながら、自己実現していく社会が本当の市民社会だが、いつのまにか他人を傷つけても自分が良ければよいという社会になりつつある。北朝鮮や白装束集団など、あらゆる問題でそろそろ日本の市民の中にそのような気配が感じられる。

それが「有事法制」に賛成する世論の背後に見えてきた。「新自己チュー」によってつくられる社会、そういう社会がささえる「フツーの国家」、それは端的に言うと、一人ひとりの市民が「帝国主義的市民」（渡辺洋三東大名誉教授の言葉）になった瞬間だと思う。私たちは、一人ひとりが「帝国主義的市民」のあり方を拒否し、あくまでも人々と共存しあいながら自己を実現することを願う市民でありたい。（五月二〇日、日弁連などが東京・千代田公会堂で開いた集会での講演に加筆・修正。まと

め／『週刊金曜日』編集部）

## イラクとコンゴ——派兵目前の日本とドイツ——二〇〇三年六月一六日

六月六日、松江市での講演のため出雲空港に向かった。到着直後に、参議院で「有事」関連三法案可決のニュースを知った。島根県庁前を通りかかると、法案成立に抗議して座り込む人々がいた。何人かが新聞の切り抜きを読んでいる。そこに私の写真が。当日の『朝日新聞』（六月六日付）に載った私の論評記事である。夕方の講演会では、成立した法律の問題点について、いつも以上に力を込めて話した。

ところで、「有事」三法案に対して、参議院で反対はわずか三二票だった。八六％が賛成。つまり七分の六の賛成で可決・成立したことになる。最大野党の民主党は、「基本的人権の最大尊重」が入ったことを主な理由に賛成にまわった。法案に反対していた民主党の「転進」によって、イラク特措法案が一気に浮上した。「政権担当能力」を示そうとして法案をほぼ丸飲みしたため、問題の内容的解決には何も資することなく、逆に、安全保障問題における国会論議のバランスを大きく狂わせる結果になった。与党は何でもありの暴走モードに入っている。「海外派兵」の正当化に一気に進みかねない勢いである。

九〇年代の国会では、政府は、「海外派兵」と「海外派遣」を慎重に区別してきた。「海外派兵」とは、①武力行使の目的をもって、②武装した部隊を、③他国の領土・領海・領空に派遣することと定義され、それにあたらない「海外派遣」は合憲という立場である。カンボジアへのPKO派遣のときは、武力行使の目的はなく、もっぱら道路補修等を行うということで、陸上自衛隊施設大隊を初めて海外に出すことに成功した。あれから一一年。ついに実質的な「海外派兵」を行う法案が国会に提出されたのである。法案の問題点はいくつもあるが、ここでは四つだけ指摘しておく。

「お尋ね者ブッシュ」Ｔシャツ。１京ドルの賞金つき。タイの平和運動団体が作製

第一に、「目的」（一条）にある「イラク特別事態」について。この定義では、直接関係のない国連決議を羅列し、米英軍による国連憲章違反の武力行使を丸ごと正当化している。肝心の大量破壊兵器は見つからず、米英の議会で政府の情報操作が厳しく追及されている。今後、さまざまなウソが明らかにされるだろう。

米国では、フセイン大統領や政権幹部をお尋ね者のように茶化したトランプと一緒に、

ヒーロー・トランプ

「イラクの自由」作戦の「ヒーロー・トランプ」が売られている。ブッシュ、ラムズフェルド国防長官、フランクス中央軍司令官、メイヤー統参議長がエースである。いずれ歴史によって戦争犯罪を追及されるトップたちである。

それはともかく、米英軍のイラク駐留そのものが、違法な武力行使の結果としての占領であって、それに協力・支援することは、国連加盟国イラクに対する侵略行為に加担することを意味する。米英の対イラク武力行使に対する追及は、国際人道法違反の兵器の使用も含め、今後、さまざまな形で始まるだろう。米国との適切な距離をとることが必要なとき、場面で、小泉首相の突出が際立っている。

第二に、任務のなかに「安全確保支援活動」がある（三条一項二号、三条三項）。これは純粋な意味での人道援助ではない。イラク軍残党を「掃討」する米英軍の作戦を支援する活動も含まれよう。実質的には、戦闘部隊に密着した兵站活動を担う可能性が高い。武器・弾薬の輸送を含むことになれば、米英軍の武力行使と一体となることは明らかだろう。政府が従来から言ってきた「武力行使との一体性」そのものである。なお、「対応措置の実施は、武力による威嚇または武力の行使に当たるものであってはならない」（二条二項）とある。これこそ究極の白々しさだろう。

イラク北部では六月一三日、一〇〇人以上のイラク人を米軍が殺害している。民間人の死者は、AP通信の調べでは、少なくとも三二四〇人。APはイラクの一二四の病院のうちの六〇だけからこの数字をはじいており、地方を含む残り六四の病院は未調査であり、しかも四月二一日以降の数字は含まれていない（ワシントンポスト紙六月一四日）。未だ数字も確定できないほど、一般市民に犠牲者を出しながら、現在も戦闘が継続している。武装解除もほとんど進んでいない。そんな所にノコノコ出かけていけば、イラク人武装勢力にとっては、米英側の立場にたった「武力よる威嚇」と受け取られ、かつ彼らの恰好の攻撃目標となるだけだ。

第三に、「現に戦闘行為が行われておらず、かつ、そこで実施される活動の期間を通じて戦闘行為が行われることがないと認められる地域」（二条三項）とは何か。この言葉は、一九九九年の周辺事態法三条三号の「後方地域」の定義で出てきたものである。そのときは対象は公海とその上空だった。テロ特措法二条三項では、「対応措置」の実施場所として「戦闘行為が行われることがないと認

84ミリ無反動砲・カールグスタフ（1987年、北恵庭駐屯地、札幌学院大水島ゼミ撮影）

められる地域」として、一号で公海とその上空、二号で「外国の領域」が挙げられていた。そして、今回、この順番が入れ代わり、一号で「外国の領域」（イラク！）と二号で公海とその上空となった。

九九年から四年がかりで、ついに「わが国の防衛」を目的とする「自衛」隊を、もっぱら他国領土内で活動させる軍隊に転換する法的枠組みが、なし崩し的にできあがった。このままいけば、イラク軍の残党との戦闘に巻き込まれることは必至であり、自衛隊初の戦死者が出ることが十分予想される。

第四に、武器の使用について。テロ特措法の同種の武器使用規定（一七条）をもつが、武器使用基準の緩和を求める動きは制服を含めて根強い。「自衛隊を海外に出す以上、武器使用基準を緩和せよ」。こういう論理で、無反動砲まで持っていこうとしている。「一丁の機関銃」が社説にもなった一九九四年が懐かしいくらいだ。

米国に取り入り、占領行政の一角を担い、支援して、石油のおこぼれに預かろうというさもしい根性が、イラク特措法を急ぐ人々の共通のメンタリティだろう。なお、法形式の面から見れば、時限立法として四年はあまりに長い（テロ特措法は二年）。さらに四年延長できるから、実質的な恒久法と言えよう。

「有事」関連三法が施行され、かつイラク特措法が閣議決定されたその日、ドイツでは、ドイツ連邦軍のコンゴ派遣が閣議決定された（議会決定は六月一八日の予定）。部族間の紛争・虐殺が続くコンゴ（旧ザイール）北東部に展開するEU部隊（一四〇〇人）の一角を担う。

なお、ドイツでは日本のように、「海外派兵」ではなく、「NATO域外派兵」が問題となってきた。NATOの領域内（米国から欧州、北アフリカ、トルコまで）の連邦軍派遣は、集団的自衛権の行使（同盟事態＝NATO条約五条事態）として可能だが、NATO域外への派兵は基本法上できないとされてきたのだ。だが、湾岸戦争後、旧ユーゴ、ソマリア、カンボジアなどへの派遣が続き、当時の社民党や緑の党によって違憲訴訟も提起されたが、連邦憲法裁判所は、一九九四年七月一二日判決により、「議会の同意」を条件としてNATO域外派兵を認めた。違憲訴訟を提起した社民党・緑の党の政権のもと、NATO域外派兵は頻繁に行われるようになった。歴史の皮肉である。

結局、九四年判決以来、連邦議会は二八件の連邦軍派遣に同意を与えてきた。ドイツでは、この二八件の「蓄積」のもと、社民党の国防大臣のもとで連邦軍改革が実施されている。国防軍から、「海外任務」を主任務にした危機対応部隊に改編する過程にある。すでに、社民党・緑の党の政権のもとで、ドイツはバルカンからヒンズークシの間に一万人のドイツ連邦軍を展開させている。いま、議会の同意を毎回とれないことを想定して（むしろ、政府の判断で柔軟に派遣できるように）、ドイツ連邦軍派遣法が審議されている。イラク特措法と連邦軍派遣法。いずこも、議会の統制を緩和するところに力をさいている。共通の傾向である。

アフガニスタンでは、ドイツ兵がすでに一四人も死亡している。事故を含むが、海外でのドイツ兵「戦死」は二桁になった。虐殺が続くコンゴに派遣されるドイツ軍人は三五〇人規模。さほど大勢ではない。ただ、海外勤務も長引き、海外にいる一万人近い軍人とその家族の間に矛盾が高まっている（防衛監察委員二〇〇二年報告書、二〇〇三年三月一一日）。現在のドイツ政府は、イラク戦争には反対を貫きつづけ、シュレーダー首相も、イラク戦争に協力しなかったことは間違っていなかった、と述べている（六月一三日）。

「多少の犠牲はやむをえない」と言いながら、先回りして米国の提灯持ち政策を実施する小泉政権ほど情けないものはない。そして、これほど国の政治のバランスが悪くなった時期もない。ドイツは、イラク戦争反対を貫くなかで、ＥＵ部隊の一角をしめるという形で、米国との軍事同盟型の派兵から距離をとろうとしている。日本の盲目的親米はきわめて異様である。国会での議論にバランスを取り戻すべきである。民主党は、今度こそ、「特措法」反対を貫くべきだろう。

# 個人の良心が問われる時代に――二〇〇三年六月二三日

総編集長という肩書がある。雑誌や新聞ではない。「小泉内閣メールマガジン」。編集長は安倍晋三官房副長官。総編集長が小泉純一郎首相その人である。今回で九九号になるという。創刊号から一応送ってもらう手続きをしていたが、内容のつまらなさと、何よりも冒頭からの空虚な文章（首相のあのしゃべり方そのものの文体）のゆえに、最近では着信すると削除していた。その「作業」を九九回もやったわけで、時間がたつのは早いものである。

さて、最新のメルマガの巻頭言は「イラク復興支援法と『三位一体』の改革」である。「三位一体」という言葉の使い方のおかしさもさることながら、「皆さんとの対話を大事にしながら、日本はいい国になったなあと心から思える、そんな国を皆さんとともに築いていきたいと思います」という結びの言葉はいかにも浮いて聞こえる。「皆さん」って誰のこと？ 庶民の側に「痛みが伴う」ことばかりやる、そんな内閣に「皆さん」と言われたくないと思う。

とりわけ、「イラク復興支援法案」。この戦後初の、恥も外聞も投げ捨てた海外派兵法を、会期を延長して成立させようとしている。「有事」関連法も施行される。「わが国の防衛」のために宣誓して入隊した自衛隊員を、宣誓内容に含まれない、「ブッシュの戦争」のために「戦死」させていいか。とりわけ物資の輸送などの分野で働く人々は、他国の民衆を殺す役務に協力するのか。これからは一人ひとりの良心が問われる時代になってきたように思う。これに関連する文章を、日本司法書士会連合会発行の『月報司法書士』に連載中の「憲法再入門」に書いたので、以下転載する。なお、連載第一回以降の文章は、司法書士会のサイトで随時公表されている。

## 思想・良心の自由の「絶対的保障」

### ※「有事」関連法案と基本的人権

五月一五日、衆議院で「有事」関連三法案が可決された。与党と民主党の筆頭理事二人による修正協議の結果、再修正案がまとまり、実質審議なしで採決された。本稿執筆時、参議院での審議が始まっていないが、法案成立は確実視されている。

ところで、民主党が法案賛成にまわった最大の理由が、「基本的人権の尊重」が明記されたことだという。民主党の対案（四月一四日）には、「思想及び良心の自由は絶対的に保障されなければならず、国の安全の確保又は公共の秩序の維持を理由として、思想を統制してはならない」という一項があった。与党と合意した再修正案は、「武力攻撃事態等への対処においては、日本国憲法第一四条、第一八条、第一九条、第二一条その他の基本的人権に関する規定は、最大限に尊重されなければならない」となっている。一九条は思想・良心の自由だが、他の条文とフラットに並べられて「最大限に尊重」とされているだけで、「絶対的に保障」という文言はどこにもない。

一般に、破壊活動防止法や通信傍受法等々、人権を侵害するおそれのある法律には、人権に対する配慮や尊重を謳う規定が置かれるのが常である。だが、それが濫用防止に役立つと考えるのはあまりに楽観的にすぎよう。そもそも、人権は憲法で保障されているのであって、一般法律に「人権を尊重します」という一項が入ったからといって、とりわけ法律自体が違憲の疑いが濃厚な場合には、ほとんど無意味ではなかろうか。

政府はむしろ、その「絶対的保障」ですら制限する意向のようである。例えば、昨年七月二四日の衆議院の特別委員会において福田康夫官房長官は、「武力攻撃事態」での国民の権利制限に関する政府見解を示した。そのなかで福田長官は、「思想、良心、信仰の自由が制約を受けることはあり得る」として、具体的に、物資の保管命令を受けた者が、思想・良心を理由に自衛隊への協力を拒んだとき、それは内心の自由にとどまらず、「外部的行為」を伴ったもので、公共の福祉により制約されるとした。この思想・良心の自由の理解の仕方にはかなり問題がある。

**※思想・良心の自由の性格**

思想・良心の自由（憲法一九条）は、権力に対して、人の精神生活の基礎にある心のありよう（内心）の侵害を禁じた重要な人権である。「思想」は「内心の自由」の知的、論理的、体系的な側面を、「良心」とはその主観的、倫理的、信念的な側面を表現すると言われる。思想や良心が心の内側から外部に向かって表出されるときは「表現の自由」（二一条）の問題となり、論理性と体系性を重視すれば「学問の自由」（二三条）と重なり、さらに心の内側にとどまる場合であっても、それが宗教的色彩を帯びれば「信教の自由」（二〇条）の問題となる。

端的に言えば、憲法一九条は、人間の精神生活のさまざまな側面と密接な関係を保ちながら、個人が思想・良心を形成していく過程と、その思想・良心を自己の内面に保持し続けることを保障したものと言える。

大方の学説は、この思想・良心の自由が、心の内側にとどまる限り、絶対的保障を受けるとしている。心の内側にあるものが、他人の人権を侵害する余地はないからである。公共の福祉による制約も許されない。だが、憲法一九条は、外部に出ることを予定しない思想・良心の「ひきこもり」を奨励したものでもない。外部への表出を暗黙の前提としながら、心の内側で思想・良心が形成され、保持されることに対して、権力が介入することを遮断するところに眼目がある。

ところで、思想・良心の自由を侵害するのは、直接的な思想調査だけではない。一九条により、特定の考え方を注入する思想教育が禁止されるのはもちろん、個人にいかなる思想の持ち主かを開示させたり、その申告を求めたり、どんな思想をもっているかを推認・推知しうる状態・環境をつくることも禁じられる。「沈黙の自由」である。

さらに、この問題のエキスパートである西原博史氏は、『学校が「愛国心」を教えるとき』（日本評論社）において、学校現場における思想・良心の自由の問題状況を、子どもに視点を据えつつ鋭く分析している。とくに、一定の行動を国家に強制されることで、自己の思想・良心を傷つけられ、人格としての同一性を失うような場合や、強制的に一定のメッセージにさらされ続けることで、いつしかその考え方を受けいれさせられる場合など、思想・良心の自由の侵害態様にはさまざまなものがある点に注意が必要だろう。

※良心的役務拒否?

米軍の先制攻撃により「有事」が発生。戦争反対の立場から物資保管命令を拒否した業者が、同業者や地域の人々から圧力を受けたとする。この場合、保管命令拒否という外部的行為は、彼・彼女の「戦争反対」という信念に基づくもので、思想・良心の自由と切り離して考えることはできない。一九条違反の問題が生ずる余地がある。

なお、日本では、キリスト教的伝統のもとで生まれた「良心的兵役拒否」に対する関心は低かった。「有事」法案の成立により、軍事役務の提供を思想・良心の自由に基づき拒否できるかを論ずる「実益」が生まれたと言えよう。「有事」は強い国家を生む。「愛国心」の強調や動員的雰囲気が強まる。思想・良心の自由がますます重要になる所以である。

## 「サダムゲート事件」――戦争における嘘――二〇〇三年七月七日

イラク特措法案が衆議院で可決された。この法案の問題性についてはすでに触れた（二八六ページ参照）。今回は、ネット新聞六月二六日付に載った興味深い論説（Ronald Dueker の署名入り）などを素材に、「イラク戦争の嘘」とその意味について考えてみよう。

論説の見出しは「ウォーターゲート事件」。小見出しの「ホワイトハウスのサダムゲート」が目をひく。論説によれば、この六月、チャック・コルソンというニクソン政権の大統領補佐官と、ブッシュ大統領が四〇分も会見したという。この人物は、三〇年前のウォーターゲート事件（民主党本部盗聴を軸とする一連の事件）で公職を失い、七カ月間服役した。その後コルソンは、「キリスト教原理主義派」の運動団体を主催し、憲法の政教分離原則を問題にしてきた。この人物の活動を、ブッシュ大統領が支援してきたそうだ。ブッシュの原理主義と響きあうものがあるからだろう。

さて、ウォーターゲート事件は米国の国家スキャンダルの象徴である。そこに深く関与した人物に必要もなく関係をもつことは、合衆国の大統領のモラル的な面でも問題だと論説は書いている。

他方、ウォーターゲート事件に連座して、一二七日間服役したジョン・ディーン（ニクソン政権の大統領補佐官）という人物がいる。彼はコルソンと異なり、ブッシュと距離をとる。ディーンはウォーターゲート事件から引き出した教訓に基づき、ブッシュの情報政策を批判する。特にイラク戦争の戦前・戦中のそれを。イラクの大量破壊兵器の発見に時間がかかればかかるほど、政府が戦争の理由づけとした根拠が疑われ、意識的に虚偽の報告、つまり嘘をついたことが問題化するというわけである。

私は、六月一日のNHKラジオ第一放送「新聞を読んで」で、「ベタ記事から見えるイラク戦争」という話をした。その頃、各紙に小さく扱われていた事実を三つ拾って、イラク戦争を正当化する議論の怪しさを指摘した。この問題に関連して、英国下院外交委員会で公聴会が開かれている（六月一七日）。米国でも同様の動きがある。

政府が議会と国民をだまして戦争に突入した例は少なくない。はっきりいえば、開戦の理由づけに、程度の差こそあれ、「嘘」や「誇張」を伴うことはかなり一般化しているように思う。

「パールハーバー（真珠湾）を忘れるな」をめぐるルーズベルト大統領の怪しげな話は有名だが、約四〇年前の「トンキン湾事件」はとりわけ露骨である。一九六四年八月二日。ベトナムのトンキン湾で、米駆逐艦が北ベトナム魚雷艇の攻撃を受けたと発表した。同年八月七日、米議会の両院は、大統領に戦時権限を付与した。翌六五年二月七日、「北爆」（北ベトナム爆撃）が開始された。だが、「トンキン湾事件」は嘘だったことが後にわかった。その時は、政権担当者も軍高官もすべて退職しているのが常である。

真実がわかるまで、かなりの年月を要する。その間、どれだけの命が失われたか知れない。ところが、今回のイラク戦争の場合、情報手段の驚異的発達とマスコミ利用の巧みさにもかかわらず、嘘の「賞味期限」は存外短かった。ブッシュは嘘でも押し通せると踏んだのだろう。

ここで特に問題になっているのは、イラクが、アフリカのニジェール共和国から五〇〇トンの酸化ウランを購入しようとしていたという情報の「偽造」と「嘘」である。この点で、R・ハウベン「民主主義が危ない」という論説が注目される（Die Demokratie ist in Gefahr, in : Telepolis vom 24. 6）。これによると、「ニジェールからの酸化ウラン」について、今年一月二八日、ブッシュ大統領は国民に向けた演説のなかで触れている。米中央情報局（ＣＩＡ）はこの主張を二〇〇二年九月二四日の議会報告書で行っているが、すでに同年三月の段階で、これが偽情報であることを知っていたとされている（ワシントンポスト紙六月一二日付）。だが、ブッシュとホワイトハウス高官たちは、この酸化ウラン問題をイラク開戦の理由の中心に置いた。ＣＩＡも国務省も同じ理由でイラク戦争を正当化した。一二月一九日の安保理で、パウエル米国務長官も、ニジェールの酸化ウラン問題について主張した。国際原子力機関（ＩＡＥＡ）のエルバラダイ事務局長は、この情報が偽物であるとしていた。

だとすれば、ブッシュは、今年一月二八日の時点で、この情報が偽物であることを知っていたか否かが焦点となる。国務省のＰ・ケリーは、「それが偽造された情報であることは三月四日以降は周知のことだった」と認めている。ケリーによれば、ブッシュにはイラクに対する戦争を行うのか、それとも撤退するかの決断を行う十分な時間はあった。戦争の理由が不明確、起こしてしまった戦争の後始末にも四苦八苦。だとすれば余計、なぜ、あの時、あのタイミングで「予防的戦争」なるものを選びとったのか。

ライス安全保障問題担当補佐官は、六月八日、大統領とその側近たちは、それが偽造された情報に依拠していたことを知らなかったと弁解している。だが、「ブッシュ政権が、二〇〇三年三月の第一週より前に、ニジェール資料が偽造されたものであり、かつイラクの核兵器保有が幻想であったことを知っていたかどうかにかかわりなく、戦争理由と、そのために提供された証拠との間の矛盾に注意を払う義務を免れない」だろう。「大量破壊兵器」があったとしても、その量、破壊力、運搬手段の用意、使用の意志などから考えて、これに直ちに武力攻撃を加えるという理由はなく、今回の米英の軍事行動は、国際法上一切容認できない性質のものである。端的に言えば、イラクという国連加盟国に対する裸の暴力行使としか言いようがない。国連決議六七八号から一四四一号までの決議も、武力行使を正当化する理由にはならない。

三月の時点で、イラクに核兵器が存在することを示す他の証拠は存在しなかった。三月一九日にブッシュは開戦を宣言し、かつ、戦争の目的は、「イラクを武装解除し、……世界を巨大な危険から守ることである」と述べた。偽造された情報に基づいて、一つの独立主権国家に対する戦争が行われたのである。政府が公然と嘘をついたとき、彼らをどのようにチェックできるかが問われている。

ブッシュ政権は、「大量破壊兵器の脅威」に対しては、イラク攻撃以外に手段がないか（なかったか）のようなヒステリックな対応をとった。ＴＩＮＡモード（「他に手段がなかった」There is no alternative.）に陥ってユーゴ空爆に参加してしまったドイツは、イラク戦争では軍事的コミットを拒否し、徹底的な査察を要求した。しかし、日本は査察に対して冷やかな態度をとり、ブッシュ政権に完全に寄り添う形になった。この主体性のなさは、イラク戦争の戦前・戦中・戦後を通じて一貫していた。そして、イラク特措法をそそくさと成立させ、自衛隊を送ろうとしている。

イラク戦後の「復興」には二つある。何よりもまず、米英による一方的な対イラク武力行使によって傷つけられた「法による平和」の仕組みを回復させることである。そのためには、英米の戦争責任の追及が不可欠である。どんなに困難でも、その米英の戦争が国際法に反する侵略戦争であることを明確にし続けるべきである。やがてイラク戦争犯罪法廷が市民レベルで組織されるだろう。

もう一つは、イラク市民の窮状に対する支援である。だが、本来的にはそういう悲惨な事態を生み出した米英が自己負担で後始末すべきものである。「いいとこどり」して、あとは国連への「丸投げ」ですますことは許されない。

ただ、緊急の援助や人道援助を含め、国連の諸機関がコミットする復興支援には、自衛隊派兵以外の方法で関わる必要がある。その場合も、そのような悲惨な状況をつくり出したブッシュ政権の責任を明確にしながら行うことが大切である。フセイン政権がどんなに「人権侵害国家」あるいは「独裁国家」であったとしても、首都に向かって地上軍を前進させ、首都を占領する行為は、明らかに「侵略」である。「侵略」とは「一国の軍隊による他国領域への侵入若しくは攻撃、又は、一時的なものにせよ、右の侵入若しくは攻撃の結果生ずる軍事占領……」（侵略の定義に関する決議三条、一九七四年一二月一四日国連総会決議三三一四号）にほかならないからである。

だから、市民に対する医療支援などを除き、米軍・英軍への直接的支援は「侵略」への加担と見られてもやむを得ないだろう。これは、日本がアジアや中東との関係で大変マイナスである。小泉首相のような態度を取りつづけると、いずれ「サダムゲート事件」でブッシュが責任を問われたとき、取り返しがつかないことになる。今からでも遅くない。大統領選挙で「票の偽造」まで行い、「ホワイトハウス」を占拠しているブッシュ・ネオコンのご一党とは、適切な距離をとることである。これは、長期的に見た場合、真の日米関係にとってプラスになる。自衛隊を無理に派兵させて米軍占領に協力することはやめることである。ドイツに学びつつ、米国との適切な距離とバランスをとることこそ肝要である。

## 「宣誓」のやり直しが必要だ――二〇〇三年七月二一日

久しぶりにテレビに出た。朝日ニュースターというマイナーなチャンネルの、「ニュースの深層」（八時一五分〜八時五五分）という番組だ。このところテレビのコメントを断わっているのは、話した内容が編集でブツ切りにされるだけでなく、こちらの意図に反する使われ方をされることが少なくないからだ。某民放のワイドショーの如きは、一回のコメントを無断で二日間に分けて使い回し、しかも、「○○であるとしても」と留保した部分のみが流され、意味がひっくりかえってしまった。それに比べてラジオは、じっくり話ができるので、こちらは断わったことがない。でも、今回は、ゲストが私だけで四〇分番組ということで、久しぶりに生放送に出ることにした。

司会は葉千栄さん。『リアル・チャイナ!』（ダイヤモンド社）などの著書をもつ東海大学助教授である。上海で舞台やテレビの俳優をやっていただけあって、挑発的な物言いと絶妙な突っ込みで、私も大いに楽しませてもらった。ただ、彼が、「米国によるイラク戦争に反対した若者のなかに、その米国に『押しつけられた』憲法を改正しようという傾向が生まれている。これをどうみるか」という問題提起を最初に行ったため、話はおのずから、愛国心や「押しつけ憲法論」などの問題に発展した。番組の終わり際、コメンテーターの遠藤正武氏（朝日新聞編集委員）が、「憲法記念日みたいな話になった」と感想を述べたように、私自身、この番組のために準備したイラク特措法関連の話題は、ほとんど使えなかった。

でも、「あと三分」というADの合図を受けて、私は最後にこう述べた。「イラクを占領している米英軍に対して、旧政権や民衆がレジスタンスを行うことは正当である。占領軍に協力する者はレジスタンスの目標になる。自衛隊は『わが国を防衛する』ためということで設置されているから、『わが国』とは無関係なイラクで、しかも米国のために危険な任務につく必要はない。『わが国』が攻められたときは所属部隊に出頭しないと七年以下の懲役になるが、イラク派遣を拒否しても罰則はない」と。番組終了後、さまざまな反響があったようだ。

ところで、イラク特措法の問題点についてはすでに指摘した（二八六ページ参照）。ここで確認すべきことは、イラク市民に対する医療・給水などの援助ならともかく、戦費を含む占領軍に対する支援は一切してはならないということである。よほどのことが起こらない限り、イラク特措法は参議院で可決・成立する見込みである。だから、この機会にもう一度言っておきたい。自衛隊員は入隊のときに行った「宣誓」のやり直しを求めるべきである。このことは一度書いた（九〇ページ参照）。その時の「直言」は、西部方面隊でベテラン自衛官三人が続けざまに自殺したことに関連したものだった。これをUPしたのがちょうど一年前だった。

この七月一六日、衆議院厚生労働委員会で、九三年から一〇年間で自衛隊員の自殺者が六〇一人に達していることが取り上げられた。イラク特措法が成立すれば、海外で日本が武力行使を行い、あるいは戦死者を出すおそれがある。そんなとき、いま、改めて「宣誓」のやり直しという論点がリアルさを増しているように思う。

それにしても、首相や防衛庁長官の口から飛び出す軽口からは、国の運命や人の生死に関わる事柄についての苦渋の色がうかがえない。特に防衛庁長官は「軍事オタク」らしく、派遣部隊が持っていく装備を、プラモデルでも作りながら、「これも、あれも」と指示しているのだろうか。

ところで、ＰＫＯ等協力法二四条の武器使用は「小型武器」となっていたが、周辺事態法一一条

82式指揮通信車（1987年、北恵庭駐屯地、札幌学院大水島ゼミ撮影）

とテロ特措法一二条では単に「武器」となった。だが、イラク特措法一七条の武器使用の規定は、「第四条第二項第二号二の規定により基本計画で定める装備である武器」を使用するとある。この長い修飾語を付けた狙いは、閣議決定により「基本計画で定める装備」の範囲はいかようにも拡大できるところにある。

官邸・防衛庁サイドでは、「機関銃では自爆トラックは止められない」として、対戦車火器の携行が確実視されている。六〇式一〇六ミリ無反動砲、あるいは一一〇ミリロケット対戦車榴弾（パンツァーファウスト3）。おさえとして、八四ミリ無反動砲（カールグスタフ）あたりが想定されているようである。カンボジアPKOの時に八二式指揮通信車を、標準装備たる一二・七ミリ重機関銃を外し、副装の七・六二ミリ機関銃を一丁だけ積載して派遣したことは記憶に新しい。今回、これだけでは不十分とばかり、八七式偵察警戒車（二五ミリ機関砲と七・六二ミリ機関銃を装備）、さらには、九六式装輪装甲車まで持っていくという議論になるだろう。そこに介在するのは、「危ないところに行く以上、必要な装備は当然だ」という居直りの論理である。

なお、日本に対する武力攻撃が行われ、内閣総理大臣が「防衛出動」（自衛隊法七六条）を下令した後、自衛官が三日を過ぎてもなお職務につかなかった場合、七年以下の懲役という罰則がある（自衛隊法一二二条）。治安出動時の不出頭罪は五年以下の懲役（一二〇条）、防衛・治安の待機命令に応じないのは三年以下の懲役である（一一九条）。

だが、イラク特措法に基づく出動に関しては不出頭も処罰されず、「敵前逃亡」にも罰則がない。コソボ紛争の時、ドイツの市民団体が、連邦軍兵士に向かって派兵拒否を訴えたが、ドイツではこれは犯罪となる（一〇八ページ参照）。だが、日本ではそうした処罰規定は存在しない。

七月八日のテレビ朝日系列「ニュース・ステーション」の特集は衝撃的だった。イラクで米英軍兵士の襲撃事件が多発しているなか、ブッシュの戦闘終結宣言後の死者の数は三桁に近づいている。日系のポール・ナカムラ氏は、六月下旬、バグダット郊外で医療班として負傷兵を搬送中に、ロケット弾の直撃を受けて死亡した。戦争が終わったはずなのに息子はなぜ死んだのか……。遺体と体面した母親の悲痛な叫び。同僚の米兵の証言を直接聞いて、母親は息子の死の意味を問う。母親は沖縄出身。日本語で息子の「戦死」について語る彼女と、沖縄戦が重なる。「命こそ宝」（ヌチ・ドゥ・タカラ）のウチナー（沖縄人）は、イラクで死んだ息子の死を納得できない。明日の日本の姿である。

## 「国際貢献恒久法」と「有志連合」の隠れた関係——二〇〇三年七月二八日

イラク特措法が成立した。この法律の問題性についてはすでに指摘した（二八六ページ参照）。今や世界最大の暴力団となったブッシュ政権は、最大の戦争理由の崩壊（「大量破壊兵器」の未発見）に対して居直るどころか、「だからどうした！」という態度で、ますます凶暴化している。一月二八日にブッシュが一般教書演説に入れた一六文字（アフリカのウラン問題への言及、三〇〇ページ参照）をめぐって、政府部内で責任の押しつけあいも始まっている。だが、これはＣＩＡ長官の首が一つ飛んで終わりというわけにいかない。この事件は、先月、私がＮＨＫラジオでとりあげた時はまだ「ベタ記事」だったが、それが、わずか半月で、世界が注目する政治的焦点に浮上した。これはブッシュ政権の「終わりの始まり」になるかもしれない。

そして先週、米軍は金にものをいわせて身内を寝返らせ、ついにフセイン大統領の息子二人を殺害。その写真を公表した。銃で抵抗する彼らに、対戦車ロケットまで発射した。五月一日にブッシュは「戦闘終了宣言」をしているから、これはもはや戦闘ではない。マスコミ注視のもとでの一方的殺戮である。そして写真公表。まるで敵将の生首を晒《さら》した日本の戦国時代の武将の感覚である。アラブ諸国のメディアは米国の対応を厳しく批判。コーランは、死者の亡骸《なきがら》を公開の場にさらすことを禁止し、死後二四時間以内に埋葬するよう求めていることから、アラブ諸国では米軍のやり口への反発は強い。

ラムズフェルド国防長官は、遺体写真の公開は「正しい選択だった」として、その理由として「この二人はとりわけ非道な人物だった」ことを挙げた。だが、「彼らが犯罪者であったとしても、遺体に対するこのような扱いは許されない」というのがアラブ世界の平均的受け止め方のようだ。イラクの新聞のなかには、写真公開を拒否したところもあったという。

米国のメディアは一斉に写真を公表したが、ヨーロッパのメディアは慎重だった。「大量破壊兵器の嘘」の先例もある。遺体写真が本物かどうかを疑う記事が、早い段階で、ドイツの保守系紙『ディ・ヴェルト』に載ったのは注目される。「サダムの息子の死、最終的な疑問残る。米政府はモスルの遺体二つをサダム・フセインの息子たちだと説明するのに急だが、それが本物かどうかの確実性がなお欠けている」「比較する資料の偽造もありうる」（七月二五日付）。同紙は、二五日朝（日本時間）の段階でホームページに遺体の写真を公開していたが、午後になって削除した。リベラルな『フランクフルター・ルントシャウ』紙は「セックス商売、犯罪商売、戦争商売」と、遺体の写真をめぐるマスコミの「商売」的対応を皮肉まじりに紹介。ドイツ・プレス評議会のプレスコード第一一号「暴力と残虐性の不適切でセンセーショナルな表現は見合わせる」も引用している。有名週刊誌『シュピーゲル』は、二人の顔のアップの写真は載せず、ベッドに横たわる遺体の遠景写真のみを掲載した。

日本の三大紙の対応は分かれた。『毎日新聞』は、二五日付朝刊で遺体の顔の写真を大きく掲載した。『朝日新聞』は紙面には直接出さずに、ホームページに生々しい写真を出した。掲載にあたっては、米国CNNが注意書きを付したが、『朝日新聞』は何の配慮もしていないどころか、ごていねいにも、生前の写真を並べて掲載した。これに対して、『読売新聞』は、紙面でもホームページでも遺体の写真は直接出さなかった。今回の写真公開は、一般的な戦場写真や戦争の残虐性とは別に、米軍のきわめて政治的意図が背後にある。この点に関する自覚と配慮がもっとほしかった。その意味で、『毎日新聞』と『朝日新聞』の対応は、ヨーロッパの各紙の対応に比べると安易だったように思う。今回、私は『読売新聞』の対応を評価する。

ブッシュ政権は、イラク民衆に対して、「これでサダム政権の復活はない」とアピールしたかったようだ。だが、コーランの教えを含めて、「傲慢無知」のブッシュ政権は、さらなる見込み違い、誤算を繰り返した。このミスの影響は、予想以上に尾を引くだろう。

そうしたなか、「コアリション」=「有志連合」(Coalition of the willing) という言葉が使われはじめた。米国が、「対テロ戦争」、とくに今回の「イラク戦争」で多用する言葉である。国連でも同盟国でもなく、「有志連合」。米国は、独仏の「古いヨーロッパ」ではなく、自分の言い分をよくわかってくれる「新しいヨーロッパ」(旧東欧諸国) を含め、「有志」(the willing) と一緒に世界を仕切ろうとしている。国連は、経済や開発、医療などの分野では今後も引き続き「利用」していく。だが、安全保障問題は「有志連合」でやる。ブッシュ政権になって、この方向が露骨になってきた。イラクに派兵する国々の多くは、「有志連合」から仲間はずれにされたくないという思惑が大きいようだ。

日本でもこの方向に乗る議論が、保守論壇や政治家の一部から強調されはじめた。例えば、秋山昌廣氏（元防衛事務次官）は『読売新聞』一月七日付で、「新有志国際連合」の創設を呼びかけている。仏独露といった国々や、「とても世界の安全保障に責任が持てるとは考えられない、いくつかの中小国の右往左往に翻弄された」安保理に任せていたのでは、グローバルな安全保障は心もとない。だから、米国の意思決定への合理的な国際的チェックと団結と機動性をもつ新しい世界システムが必要である、と。これを彼は「新有志国際連合」と呼ぶ。

秋山氏の発想では、最後までイラク攻撃に賛成しなかった「ミドル・シックス」（非常任理事国六カ国）などは唾棄すべき存在で、とにかく米国の意思決定に参与する「信頼できる身内だけ」で安全保障問題は議論し、実行していこうというわけである。目下のところ、米国のイラク武力行使を支持した日本、イタリア、スペイン、チェコ、ポーランドといった国々がこれに入るだろう。

では、同盟（alliance）と連合（coalition）の違いは何か。「条約に基づく長期的枠組みで義務を伴う」のが同盟であるのに対して、「特定の作戦・目的のための一時的枠組みで自主的に参加する」のが連合（コアリション）である。

『産経新聞』七月一二日付が紹介したアフガンにおける「コアリション村」。「対テロ戦争」に参加した五三カ国の軍隊が参加した連絡調整機関で、米中央軍司令部（米フロリダ州）に連絡官として勤務した海上自衛隊の一佐の話では、各国から集まった軍人たちは、その「村」で自分たちの任務をそれぞれに決定し、相互に調整して本国に報告していたという。米国は他国の情報を絶対に教えない。自分だけは情報を独占しているが、参加各国部隊はお互いに調整しあい、情報交換を「自主的」にするように仕向けられていた。命令はしない。自主的に考えて協力しなさい、というわけだ。でも、それが米国の心理作戦である。まるで、トレーナーか教師気取りの米国。「コアリション」では対等な関係はない。米国の単独行動主義を軸にしながら、その単独行動に、さまざまな経済援助や開発援助、石油利権など、それぞれの国にとって「おいしいもの」をぶらさげられて、米国に「自主的」に協力する。

今回の「イラク戦争」後の対応でも、米国は一〇〇〇人の派遣を要望していたとして、政府は三自衛隊で一〇〇〇人の派遣計画を作った（陸上自衛隊は五〇〇人の増強大隊一個程度を想定）。しかし、米側は陸上自衛隊だけで一〇〇〇人の意味だと言ってきた。補給・輸送部隊を入れれば二〇〇〇人規模である。そして、『産経新聞』七月七日付によれば、米国政府は、もし日本が二〇〇〇人を派遣すれば、イラク復興の経済プロジェクト獲得で日本企業が優遇されることを示唆しているという。露骨である。今後、世界の平和がこのように仕切られていくのに対して、日本はどういう態度をとるのか。

「コアリション村」の村長は米国である。英国は助役。日本はさしずめ収入役の地位をキープするのだろうか。でも、収入役は市町村では「三役」の一人として、単に金銭の出納のみならず、市町村行政の全体を見る位置にある。だから、日本も「軍事的貢献」を柔軟にやりたい。小泉内閣がイラク特措法の成立を急いだ動機の一つに、この「コアリション・オブセッション（強迫観念）」があるように思う。派兵の時期はいつでもいい。法的仕組みだけをとにかく作り、一刻も早く「コアリション」への積極姿勢を示したい。

参議院でイラク特措法案の審議が行われていた七月一〇日午前の段階で、福田官房長官は自衛隊海外派兵のための「国際貢献恒久法」について語った（『朝日新聞』七月一〇日付夕刊）。厳密に言えばフライングであるが、その狙いは、「コアリション」のために、軍事的に柔軟に対応できる法的システムを早く構築したい、毎度の事情に縛られる「特措法」形式は今回限りにしたい、ということだろう。その意味で、国連の国際協調主義ではなく、「有志連合」の発想から「恒久法」制定へのモティヴェーションは生まれている点に注意する必要がある。

なお、言葉にこだわるわけではないが、米国に「クリスチャン・コアリション」というキリスト教原理主義の団体がある。一九八九年設立で、会員二〇〇万人。「共和党を乗っ取る」という明確な目標を持っており、父親のブッシュ元大統領は彼らを抑えようとして大統領選で落選した。クリスチャン・コアリションはパウエル国務長官を激しく攻撃しているという（萬晩報、二〇〇二年一一月一九日参照）。いま、米国内のこの「コアリション」がホワイトハウスにネガティヴな影響力を行使している。

そうした米国との「コアリション」に深く寄り添うことが得策なのか。世界の平和と安全保障のためにも、日本にいま求められていることは、偏った「コアリション」からは距離をとり、国連の集団安全保障の活性化、とりわけアジアにおける地域的集団安全保障の枠組み構築のために努力することではないか。そのためにも、イラク特措法の後にくる自衛隊海外派兵の「恒久法」は絶対に通してはならない。

# おわりに

ホームページ「平和憲法のメッセージ」(http:// www. asaho. com/ ) は、一日何万件もアクセスのあるサイトに比べれば、ネット上の「ミニコミ」にすぎない。だが、「平和」や「憲法」というテーマの「専門店」として、この六年間半、一定の「固定客」を得てきた。ホームページ経由の取材申し込みや講演・原稿依頼は数知れない。大学・大学院の受験相談や人生相談まで来る。このページを毎週読みながら大学受験を頑張ったという高校生もいた。うれしかった。外国に住む方からのメールも増えた(英文サイト作りが課題)。外国メディアの取材や、変わり種では某国駐在武官からの問い合わせというのもあった。出会った人々を通じて、さらに新しい出会いも生まれた。時間の経過が出会いに彩りを添える。外岡秀俊氏(現・朝日新聞ヨーロッパ総局長)の言葉を借りれば、「人の出会いに季節あり」(『朝日新聞』一九九九年九月二六日「閑話休題」)である。

「直言」は、限られた時間で、その時々の問題を一気に文章化する。それを週単位で定期的に三五〇回以上も続けていると、どんな小さな出来事でも、それを短く、ある程度完結的に、わかりやすい言葉で表現しようという癖がついた。これは専門の論文を執筆するのとはまた違った世界である。専門研究者（アカデミズム）と記者（ジャナーリズム）の仕事を架橋する世界と言えるかもしれない。

なお、「直言」とほぼ同時期に始めたNHKラジオ第一放送「新聞を読んで」のレギュラーも、この八月でちょうど二〇回目になる。こちらは三カ月に一度の割合で、「新聞を通じて時代を診る」という作業であり、「直言」のラジオ版と言える。ホームページで過去の全文が読めるので参照されたい(http://www.asaho.com/jpn/bkno/others.html)。

本書がこのタイミングで世に出るにあたっては、高文研代表・梅田正己氏と編集部の真鍋かおる氏の熱意によるところが大きい。予定よりも出版が遅れ、ご迷惑をおかけしたことをお詫びしたい。

最後に、さまざまな形でこのホームページに協力してくれた方々、早稲田大学大学院法学研究科の小倉大君、原稿選定を手伝ってくれた同・砂田礼子さんにも「ありがとう」を言いたい。

二〇〇三年八月九日　長崎原爆の日に

水島朝穂

**水島 朝穂**（みずしま・あさほ）
1953年東京都生まれ。早稲田大学大学院博士課程修了。札幌学院大学法学部助教授、広島大学総合科学部助教授を経て、1996年より早稲田大学法学部教授。法学博士。1999年3月～2000年3月、ドイツ・ボン大学で在外研究。憲法学、法政策論、平和論。
著書：『現代軍事法制の研究』（日本評論社）、『武力なき平和』（岩波書店）、『この国は「国連の戦争」に参加するのか』（高文研）、『ベルリン・ヒロシマ通り』（中国新聞社）。
編著書：『きみはサンダーバードを知っているか』『グローバル安保体制が動きだす』（以上、日本評論社）、『オキナワと憲法』『ヒロシマと憲法〔第4版〕』『世界の「有事法制」を診る』（以上、法律文化社）、『知らないと危ない「有事法制」』『未来創造としての「戦後補償」』（以上、現代人文社）ほか。
共著書：『沖縄・読谷村の挑戦』（岩波書店）、『有事法制批判』ほか多数。
●ホームページ　http://www.asaho.com/

**同時代への直言**
――周辺事態法から「有事法制」まで

●二〇〇三年一一月三日――――第一刷発行

著　者／水島　朝穂
発行所／株式会社　高　文　研
東京都千代田区猿楽町二－一－八
三恵ビル（〒一〇一＝〇〇六四）
電話　03＝3295＝3415
振替　00160＝6＝18956
http://www.koubunken.co.jp
組版／Web　D（ウェブ・ディー）
印刷・製本／株式会社シナノ


ISBN4-87498-314-6　C0036